うちのワンコは
これ1冊で一生健康生活

一緒に作って食べられる
犬のごはん

監修：須﨑恭彦
獣医学博士・須﨑動物病院院長

犬の健康のためにごはんを手作りしようと思っても、
それを毎日実行することは少し難しいかもしれません。
自分たちのごはんに加えて犬のごはんを作ることは、
ひと手間もふた手間もかかり、
忙しい日々の中でなかなか時間をとることができません。
しかし、自分たちのごはんを作る“ついで”に
犬のごはんを作ることができれば、
そのハードルを下げることができます。
犬は私たちが思っているよりもたくさんの
食べ物や料理を食べることができますし、
栄養バランスをととのえるのも
そんなに難しいことではありません。
気楽に飼い主さんと犬とで同じものを
一緒に食べて、食の喜びを分かち合いましょう。
ただし、一つだけ注意していただきたいことがあります。
犬の手作りごはんは犬の病気を治すものではなく、
健康な体を作るものであるということです。
手作り食に切り替えたからといって、
すぐに病気の症状が改善するわけでも、
絶対に病気にならないということでもありません。
手作り食の効果は足りない栄養素を取り入れ、
体内の毒素を排出すること。
その結果として病気になりにくい体になっていくのです。
また、飼い主さんが負担に思いストレスを感じてまで
手作りすることにこだわる必要はありません。
犬の健康の一番の源は飼い主さんの笑顔です。
疲れたときは休みつつ、飼い主さんも犬も、
楽しくおいしく続けられる。
そんなレシピを紹介したいと思います。

犬の健康の第一は飼い主さんの笑顔

CONTENTS

犬の健康の第一は飼い主さんの笑顔 …… 2

CHAPTER 1

犬のための手作り食の基礎知識

PART 1 犬の体重に合わせた食事量 …… 8
PART 2 犬種別ライフステージ表 …… 10
PART 3 ライフステージごとの食事のポイント …… 12
PART 4 犬にとってもおいしい食材 …… 20
PART 5 食べさせてはいけないNG食材 …… 24
PART 6 手作り食についてのQ＆A …… 26
PART 7 簡単な調理の流れを把握する …… 28
PART 8 ５つのポイントをチェック …… 30
本書の使い方 …… 31

CHAPTER 2

毎日の献立に使える定番レシピ

鶏肉とキャベツとかぼちゃのスープパスタ …… 32
かぼちゃと豚肉のさつま汁 …… 34
豚肉のトマト煮 …… 36
カフェ風タコライス …… 38
アジのさんが焼き …… 40
パン耳ピザとサンドイッチ …… 42
ブリ大根 …… 44
ゴーヤ入り豚汁 …… 45
しょうが焼き …… 46
お揃い焼きそば …… 47
チキンクリーム煮 …… 48
牛肉と彩り野菜のポトフ …… 49
鮭のムニエル野菜あんかけ …… 50
チキンとマカロニのサラダ …… 51
ONE POINT ADVICE 01 フードボウルの選び方 …… 52

CHAPTER 3

不調の原因を取り除く病気予防レシピ

白身魚の野菜蒸し …… 54
豆乳入りとろろそば …… 56
根菜と鶏肉のだし煮込み …… 58
豚肉と野菜のごま炒め …… 60
牛肉サラダ …… 62
魚のきのこのせ …… 64
キャベツと鶏肉のとろみ煮 …… 66
エビとホタテのグラタン …… 68
おから入りハンバーグ …… 70
豚しゃぶのサラダ …… 71
鶏肉と大根のやわらか煮 …… 72
肉豆腐うどん …… 73
ONE POINT ADVICE 02 犬の好みの見つけ方 …… 74

CHAPTER 4

すぐにできるらくらくお手軽レシピ

2種類のタレで食べる焼き肉 …… 76
お肉たっぷりつくね鍋 …… 78
ごほうびすき焼き …… 80
鶏だししゃぶしゃぶ …… 82
サイコロステーキのヨーグルトソース添え …… 84
カジキマグロのあんかけ …… 86
時間がないときでも一緒にごはん …… 87
ONE POINT ADVICE 03 簡単時短テクニック …… 88

CHAPTER 5

特別な日に楽しみたいイベントレシピ

いちごのレアチーズケーキ ………… 90

ショートロールケーキ ………… 92

かぼちゃケーキ ………… 94

チョコ風バナナケーキ ………… 96

牛肉の煮込み ………… 98

ホワイトチャウダー ………… 100

巻き寿司 ………… 102

おせち ………… 104

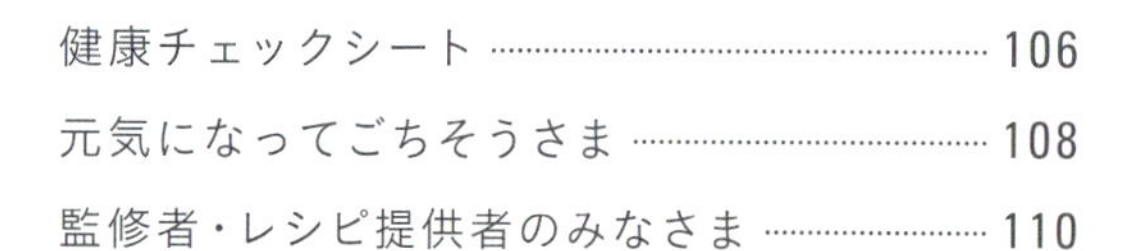

健康チェックシート ………… 106

元気になってごちそうさま ………… 108

監修者・レシピ提供者のみなさま ………… 110

CHAPTER 1

犬のための手作り食の基礎知識

犬特有の食性や食習慣はありますが、大切なポイントを抑えていれば、
極端に神経質になる必要はありません。犬は多くの食材を食べることができ、
また自身で栄養バランスを調整できる生き物だからです。
飼い主さんは気張りすぎず、自分と同じ食事ができることを楽しみましょう。

一目で犬に必要な食材の割合がわかる！

食材早見表で栄養バランスをチェック

犬のごはんに使用する食材は、大きく分けて「肉・魚」「穀物」「野菜」「油脂」「風味づけ」の5グループに分けられます。この表は、体重5kgの成犬を対象にした1日分の食材のグループと量の目安です。5kg以上の犬の場合は、次のページにある換算指数表を使って、量を計算してください。

※この割合からはじめて体型をみながら調整してください。

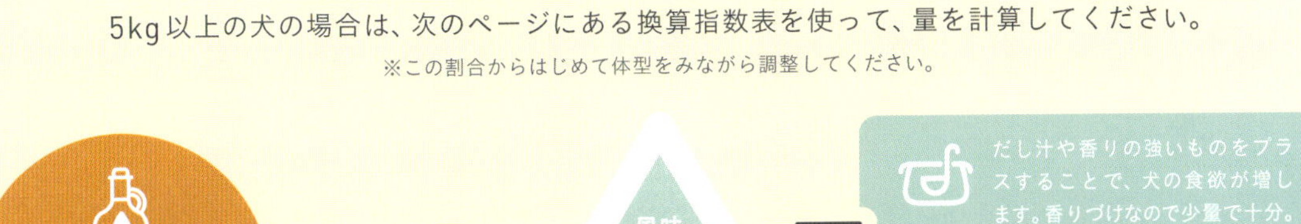

風味づけグループ　1～5g

だし汁や香りの強いものをプラスすることで、犬の食欲が増します。香りづけなので少量で十分。

だし（肉・魚の煮汁、かつおだし、昆布だし など）、煮干し、桜エビ、ちりめんじゃこ

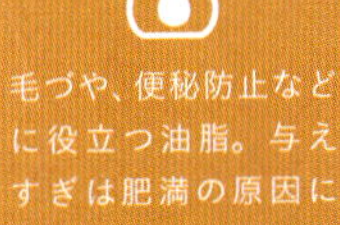

油脂グループ　5～10g

毛づや、便秘防止などに役立つ油脂。与えすぎは肥満の原因になるので注意。

オリーブオイル、植物油（コーン油、ひまわり油、キャノーラ油など）、ごま油、鶏肉の皮

穀物グループ　40～100g

食事のベース。炭水化物を多く含む穀類は、腸内の細菌のエサになり、満腹感も得られる。

白米、胚芽米、分づき米、発芽玄米、小麦粉、マカロニ、スパゲティ、うどん、そば、大豆

野菜グループ　40～100g

栄養価が高く、体調を整える食材。野菜の消化が苦手な犬には調理の工夫が必要。

にんじん、ブロッコリー、ほうれん草、かぼちゃ、トマト、ごぼう、ピーマン、大根、白菜、じゃがいも

肉・魚グループ　40～180g

鶏肉、豚肉、牛肉、ラム肉、馬肉、レバー、魚全般、しじみ、あさり、納豆、豆腐、ゆで小豆、茹で大豆、卵、ヨーグルト

肉や魚に含まれる動物性たんぱく質は、体を作るために必要なアミノ酸が豊富で、犬が大好きな食材。

〈須﨑恭彦考案〉

PART 1

ごはんの量に迷ったらここを確認！

犬の体重に合わせた食事量

犬のごはんでまず悩むのが、与えるごはんの量でしょう。
ドックフードであればパッケージに目安が記載されていますが、
手作り食ではそうはいきません。
ご家庭の犬に合った量の割り出し方を把握しましょう。

飼い犬に合ったレシピにしよう

本書では体重5kgの小型犬を想定したレシピになっています。犬種によって体重は大きく異なりますし、同じ犬種だとしても、すべてのご家庭の犬が同じ体重ではありません。そのため、自分の飼い犬に合わせて材料の量を調整する必要があります。右ページにある体重別換算指数表を参考に計算すれば、愛犬に合った1日分の食事の量を簡単に割り出すことができます。

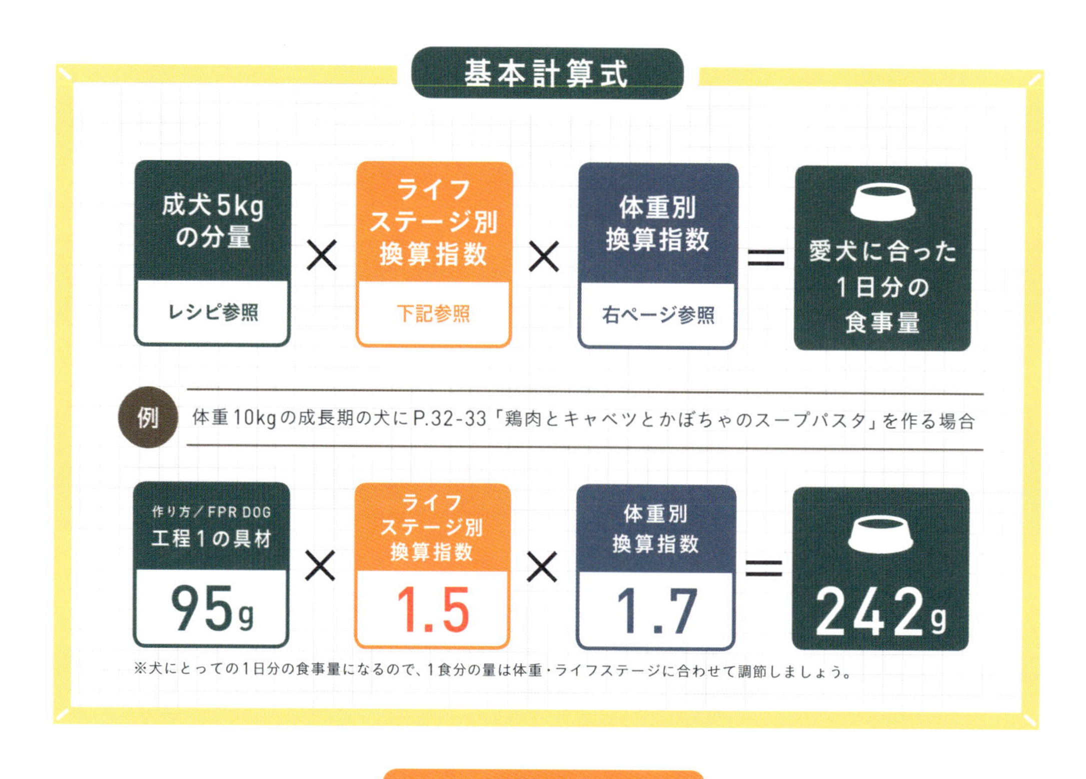

ライフステージ別換算指数

離乳期	成長期	成犬期	老犬期
2	1.5	1	0.8

体重別換算指数表

※小型犬・中型犬、大型犬などの区別は正式に定義されていません。本書では一般的な目安として、体重別にわかりやすく区別しています。あくまで目安としてお使いください。

小型犬

ミニチュアダックスフンド
チワワなど

体重(kg)	換算率
1	0.3
2	0.5
3	0.7
4	0.8
5	1.0
6	1.1
7	1.3
8	1.4
9	1.6
10	1.7

中型犬

紀州犬、ビーグルなど

体重(kg)	換算率
11	1.8
12	1.9
13	2.0
14	2.2
15	2.3
16	2.4
17	2.5
18	2.6
19	2.7
20	2.8
21	2.9
22	3.0
23	3.1
24	3.2
25	3.3
26	3.4

大型犬

サモエド、ゴールデンレトリーバー、
セントバーナード、シェパードなど

体重(kg)	換算率	体重(kg)	換算率
27	3.5	59	6.4
28	3.6	60	6.4
29	3.7	61	6.5
30	3.8	62	6.6
31	3.9	63	6.7
32	4.0	64	6.8
33	4.1	65	6.8
34	4.2	66	6.9
35	4.3	67	7.0
36	4.4	68	7.1
37	4.5	69	7.2
38	4.6	70	7.2
39	4.7	71	7.3
40	4.8	72	7.4
41	4.8	73	7.5
42	4.9	74	7.5
43	5.0	75	7.6
44	5.1	76	7.7
45	5.2	77	7.8
46	5.3	78	7.8
47	5.4	79	7.9
48	5.5	80	8.0
49	5.5	81	8.1
50	5.6	82	8.1
51	5.7	83	8.2
52	5.8	84	8.3
53	5.9	85	8.4
54	6.0	86	8.4
55	6.0	87	8.5
56	6.1	88	8.6
57	6.2	89	8.7
58	6.3	90	8.7

食事量は厳密に計算する必要はない

食事量はあくまで目安です。その日の犬の活動内容や健康状態を考えて調整しましょう。犬種や年齢、体の大きさはもちろん、人間と同じで、その日の体調や運動量、個体の体質によっても変わります。例えば、たくさん運動した日には多めに、あまり運動をしていない日は少なめにします。また、前の日についつい与えすぎてしまったのならば、今日はごはんを少なめにする、というふうに調整するとよいでしょう。肥満体質の犬も同じです。全体を通してバランスがとれていれば、そこまで神経質になる必要はありません。

PART 2

犬種による成長スピードを知る

犬種別ライフステージ表

犬種によって、成長の速度にはばらつきがあります。
ライフステージごとの特徴は、
犬に与える食材の種類や量を判断する上でも重要な要素。
体の機能や病気にも関係するので、しっかりと把握しましょう。

	生後〜3週	3週〜8週（2ヵ月）	8週（2ヵ月）〜28週（7ヵ月）
小型犬 — 1〜10kg	哺乳期	離乳期	成長期
		目や耳が十分に機能せず排泄にも母犬や人間の手助けが必要です。	4〜5ヵ月ごろに急速に大きくなります。食事量も徐々に増やしましょう。
中型犬 — 11〜26kg	哺乳期	離乳期	成長期
		哺乳期、離乳期は小型犬と同じ成長スピードです。	成長期の運動量が今後の健康にもつながります。中型犬、大型犬は1回の散歩で30分以上歩くようにしましょう。
大型犬 — 27kg以上	哺乳期	離乳期	成長期
		小型犬、中型犬と比べて成長スピードがやや遅いです。	小型犬、中型犬に比べて緩やかに体が大きく成長します。

小型犬　1〜10kg

成長スピードが最も早く、生後約9ヵ月で成犬となります。成犬期が長く、老犬期が短いのが特徴です。平均寿命13〜15歳。

犬種　ミニチュアダックスフンド、チワワ、シーズー、シェットランドシープドック、柴犬、トイプードル、ポメラニアン、マルチーズ、ヨークシャーテリアなど

中型犬　11〜26kg

生後約1年で成犬となります。小型犬に比べ成長期が長く、成犬期が短いのが特徴です。平均寿命12〜14歳。

犬種　ウエルシュコーギー、紀州犬、ブルテリア、フレンチブルドッグ、ボーダーコリー、ウィペット、ビーグル、バセットハウンド、アメリカンコッカースパニエルなど

大型犬　27kg以上

成長期が1年以上と長いのが特徴です。小型犬や中型犬と比べて成犬期が短く、老犬期を早く迎えます。平均寿命10〜12歳。

犬種　サモエド、ゴールデンレトリーバー、アイリッシュセッター、コリー、スタンダードプードル、セントバーナード、シェパード、ラブラドールレトリーバー、シベリアンハスキー、ダルメシアンなど

歯の成長時期について

3週間ごろから乳歯が生えはじめ、5〜7ヵ月ですべて永久歯に生え変わります。
生えはじめは歯に違和感があるようで、今までより噛み癖が増えます。

3〜4週ごろ	4〜5週ごろ	6〜12週ごろ	3〜5ヵ月ごろ	4〜6ヵ月ごろ	5〜7ヵ月ごろ
犬歯と前臼歯の乳歯が生えはじめ、母犬が離乳を促します。	前歯の乳歯が生えはじめます。	すべての乳歯が生え揃います。乳歯は全部で28本です。	切歯と犬歯の乳歯が永久歯に生え変わりはじめます。	前臼歯も永久歯に生え変わります。	最後に後臼歯が生え変わり、全部で約42本の永久歯が揃います。

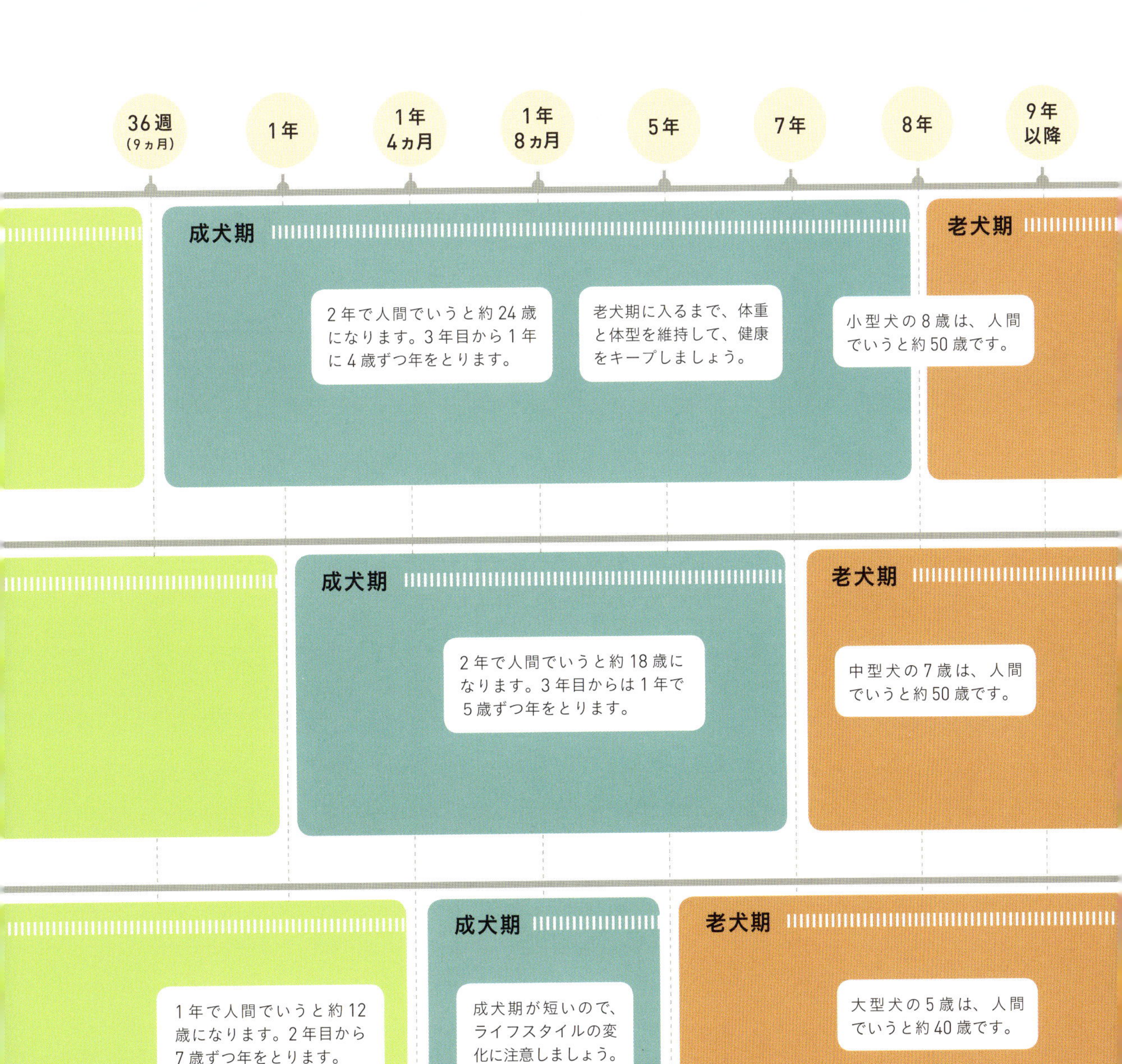

※ペットショップやブリーダーから迎えられるのは、生後49日以降の子犬と法律で定められています（2019年現在）。

PART 3

愛犬の健康な発育に必要なごはんの与え方を覚える

ライフステージごとの食事のポイント

ペットショップやブリーダーから子犬を迎える場合、離乳食の終わりから成長期のはじまる時期であることがほとんどです。
離乳期から老犬期までの成長段階に合わせた食事のポイントや、注意すべき点を見ていきましょう。

離乳期

個体差はありますが、生後約3週間で哺乳期が終わります。発育の様子、食べ物への関心に合わせつつ離乳食に切り換えていきましょう。

POINT 1 離乳食はやわらかいペースト状のものを与える

子犬に乳歯が生えてくると、母犬は乳離れを促すため、食べ物を口の中で噛み砕いてやわらかくしたものを、離乳食として子犬に与えます。飼い主から与える場合は、食べ物をペースト状にしたものを離乳食として与えましょう。フードプロセッサーがあると便利です。離乳食はスプーンで子犬の口を開かせて舌に乗せて食べさせます。

POINT 2 食事は1日4～5回が目安

あくまで目安なので、子犬の様子に合わせて与えましょう。乳歯が生えてきても消化機能は発達途中のため、一度にたくさん与えすぎると、消化不良を起こして下痢になることがあります。また、この時期にいろいろな食材を与えすぎるとアレルギー体質になる原因にも。離乳食は母乳や犬用ミルクと一緒に食べさせることで、消化と吸収がよくなります。

POINT 3

最初の離乳食は牛ひき肉から

はじめに与える食材としては、消化、吸収がよい「牛ひき肉」がおすすめです。体質や消化機能の発達によっては受けつけない犬もいるので、はじめは火を通した牛ひき肉を少量ずつ与えて様子を見ましょう。次に「野菜ペースト」「やわらかく煮込んだ穀物」なども試してみてください。便の様子を見て、コロンとしたかたさの「いい便」なら、食事をしっかり消化できているというサインです。

POINT 4

3～12週で食生活の基礎を築く

生後3～12週ごろ、子犬は周囲からあらゆる刺激を受けて、さまざまなことを学ぶ「社会化期」に入ります。将来、自分を取り巻く環境に対処するための基礎を築くのです。子犬は、はじめての経験に対して「怖い」と感じることもありますが、これを乗り越えていきます。食事も同様で、この時期の食事がその後の食生活にも影響します。特定のものだけ与えればその特定のものだけを食べてしまうので、いろいろな食材を与えてみて、好き嫌いのない犬にしましょう。

離乳期の手作り食について

この時期はおかゆ、またはペースト状の離乳食を与えてください。本書のレシピは離乳期を終えてから実践してください。

丈夫な歯を作るために

POINT 5

歯磨きを習慣にする

歯の健康は犬にとって大事です。早くから歯磨きを習慣づけましょう。口は犬にとって敏感な部分です。成長してから急にはじめようとしても、なかなか触らせてくれません。骨や歯磨き専用ガムをかじらせるという方法もありますが、これでは歯垢を取るだけで細かい食べカスを取り除くことはできません。歯と歯茎の間をしっかり磨き、歯周病を予防することが大事です。

POINT 6

かたいものを噛む機会を増やす

立派なあごや永久歯を作るためには噛むことが大切です。子犬のころからかたいものを噛む機会が多ければ多いほど、強い歯、強い歯茎に育ちます。おもちゃ、骨、牛皮や牛のひづめなどを与え、日常的に噛むことができるようにしましょう。子犬のときに噛む習慣が身についていないと、成犬になっても骨やガムなどのかたいものを上手に噛むことができません。力加減がわからず、歯が欠ける場合もあります。その場合は、すぐに獣医師に相談しましょう。

POINT 1 成長期はたくさん食べさせる

見た目が小さいので食事量を抑えがちになりますが、その必要はありません。成長期には成犬期に比べて体重1kg当たり、1.2〜2倍もの栄養が必要になります。歯が生え揃ってきて、いろいろなものが食べられるようになる時期でもあるので、今まで食べられなかった固形の肉にもチャレンジしてみましょう。筋肉や骨など丈夫な体の土台作りには良質な動物性たんぱく質が欠かせません。

POINT 2 たんぱく質を中心に栄養バランスのとれた食事を与える

丈夫で健康な体作りに必要なのが、たんぱく質とエネルギー。肉や魚に多く含まれるたんぱく質は、体を構成する重要な栄養素です。さらに、たんぱく質、脂質、炭水化物から産出されるエネルギーは、運動や生命維持に不可欠な動力源となります。その他、体調を整えるためのビタミン、ミネラルなどを含む食材を加え、栄養バランスが整った食事を与えましょう。

成長期

成長期は体を作る大事な時期です。どんどん大きくなる体に合わせて量や栄養素の配分を決めましょう。

POINT 3 1日の食事は小分けにして与える

食べ盛りの成長期ですが、消化器官が未熟なため、一度に多くの食べ物を消化することができません。そのため1日に少量の食事を複数回に分けて与える必要があります。回数の目安は、小型犬は生後2〜3ヵ月で4回、生後3〜6ヵ月では3回、生後6ヵ月〜1年では2回です。中型犬・大型犬は生後2〜3ヵ月で4回、3〜9ヵ月で3回、9ヵ月〜2年で2回です。体の大きな大型犬は成長期も長いため、小型犬よりも緩やかに回数が変化します。

POINT 4 植物性たんぱく質を与えるときにはひと工夫をする

たんぱく質には肉や魚といった動物性たんぱく質と、豆類や穀類に含まれる植物性たんぱく質があります。積極的に与えたいのは動物性たんぱく質です。犬は雑食ですが、元々は肉食なので植物性たんぱく質を消化することが少し苦手。成長期に入り、体つきは徐々に大人に近づいてきますが、消化器官はまだまだ未発達です。植物性たんぱく質を与える場合は、やわらかく煮込んで細かく刻む、ペースト状にするなど、消化しやすくしてあげましょう。

POINT 5 くびれで肥満度をチェック

たくさんの栄養とエネルギーが必要とはいっても、与えすぎれば肥満になってしまいます。ただでさえ体型の変化が起きている成長期には、栄養過剰による肥満に気づかない可能性があります。犬の適正体重を知り、体重測定を行うと同時に、日々の体型チェックをすることが大切です。犬の体を真上から見たときにくびれがわかりづらくなっていたら、やや肥満のサイン。くびれが完全になくなっている場合は肥満にあたります。肥満傾向が出ていたら、1日の食事量や運動量を調整してください。

POINT 6 健康の証は「コロン」とした便

便は食事や食物繊維の量が少なければかたくなり、多すぎればやわらかくなります。ベストな便は「コロン」とした状態。便をティッシュで取り、地面に跡が残っていなければよい状態です。かたい場合は食物繊維を多く与えることで改善できますが、食物繊維を多く含む食材は消化しにくいため、やわらかく煮込んでペースト状にするなどの工夫が必要です。一方、やわらかくベチャッとした便の場合は、消化不良を起こしている可能性があるので、より消化のよい食事に変えてください。

POINT 7 サプリメントに頼りすぎる必要はない

成長期はより多くの栄養素が必要になることから、専用のサプリメントも市販されています。サプリメントが悪いということではありませんが、それに頼りきりになるよりも、さまざまな食材を使ったバランスのとれた食事を与えるほうが健康な体作りには大切です。特定の食べ物だけを食べさせて、足りない栄養素をサプリメントで補うという食生活では犬の偏食を助長させることにもなります。また、成長に必要な糖質、脂質、たんぱく質は通常の食事で不足することはほとんどないため、サプリメントを与えるかどうかは、よく考えて決めましょう。

POINT 8 食の喜びを体験させる

離乳期からはじまった社会化期は成長期でも続きます。この時期に経験したことは、犬の性格形成に大きな影響を与えます。まず、幼いころに「うれしいこと」「悲しいこと」「不快なこと」「楽しいこと」といったさまざまな経験をすることで、新しい経験を怖がらなくなります。また経験を楽しむ余裕や柔軟性も生まれるため、好奇心を持って変化に触れ、順応できるようになります。食体験も性格を形成するうえで重要な刺激です。アレルギーに気をつけながら新しい食材も試してみましょう。

POINT 9 嫌いな食材を克服させる

人間と同じで、犬の好き嫌いもある程度は仕方ないでしょう。しかし、特定の食べ物しか食べない、好き嫌いが多いとなると問題です。偏った食生活は成長期に必要な栄養を摂取できないだけでなく、健康を害する可能性もあります。嫌いな食事は少しずつ慣らし、時には食事を与えないなど、克服をうながすことも大切です。健康なうちは問題ないように思われますが、体調が悪くなったとき、必要な栄養素のある食事を与えようとしても食べてくれなくなるかもしれません。

POINT 1

体に触って体型をチェックする

成長期を終えたら太りすぎたりやせすぎたりしないよう、こまめに体型をチェックしましょう。犬の骨量、筋肉量にも個体差があるため体重だけでなく、体型も適正であるかを確認します。体型チェックのポイントは次の3つです。

❶背骨を触ってみて、ぽこぽこと骨の感触がわかる
❷脇腹を触ってみて、肋骨の凹凸がわかる
❸真上から見たとき、ウエストのくびれがわかる

POINT 2

食事は徐々に減らしていく

成犬期の犬に成長期と同じ食事量を与え続けると、肥満の原因となります。「そろそろ成長期も終わるかな」という時期になったら、食事量を見直しましょう。突然量を減らすのではなく、犬が空腹を感じないように徐々に減らしていく方法がおすすめです。犬がおかわりを欲しがっても安易に与えないようにしましょう。しつけも含めて食事の与え方を変えていきます。

成犬期

この時期は体型維持が最優先の課題となります。食事だけでなく、運動量にも注意しましょう。

POINT 3

食べすぎたときは運動で調整する

もし食べさせすぎてしまったら、次の日は食事の量を減らして調整しましょう。散歩量を多くする、公園で遊ぶなどして、カロリーを消費させる方法もあります。特に注意してあげたいのが、ダックスフントやコーギーのような狩猟犬、牧羊犬だった犬種です。これらの犬種は、その日の運動量に関係なく食事量が多いと肥満になりやすい傾向にあります。消化器官が休まる時間も短いため、膵炎や糖尿病などさまざまな内臓トラブルを引き起こすことも。食事と運動の両方で調整していきましょう。

POINT 4

便のかたさやにおいを確認

犬の健康状態は便にも表れます。体調不良のときには便のかたさだけでなく、においも変わるため、いつもと違うにおいがしていないかチェックしましょう。犬は基本的に食事と同じ回数の排便を行います。便が細く平たい、下痢が3日以上続く、血便が出るなどの異常が見られた場合は、すぐに動物病院で分便検査をしてください。その際、便をビニール袋などに入れて持参するのを忘れずに。

POINT 5 尿の色が濃いときは要注意

健康的な尿は薄い黄色をしています。色が濃いときは、水分不足のほか、泌尿器科の感染病にかかっている可能性があります。水分をたっぷりとっても改善しないようでしたら、獣医師に相談してください。あらゆることにいえることですが、いつもと違うと感じたら、その後の経過に注意し、獣医師に相談してください。「まぁ、大丈夫だろう」という独断で放置するのが一番危険です。

POINT 6 体調不良のサインを見逃さない

自然界では、天敵に体調不良を知られるとまっ先に狙われてしまいます。そのため、犬には具合が悪いことを隠してしまう性質があります。飼い主が小さなサインを見逃してしまうと、手遅れになってしまうことも少なくありません。いつもと様子が違うと感じたら、食事量や排泄をチェックしましょう。極端に変化があるようであれば、獣医師に相談してください。

POINT 7 サプリメントは獣医師と相談して

偏食でどうしても野菜を食べてくれないときに、ミネラルやビタミンの栄養素をサプリメントで補助するときや、病気や気になる症状をおさえるためにサプリメントを使用する場合には獣医師と相談したほうがよいでしょう。効能をきちんと把握しないと、同じ成分のサプリメントを何種類も使用して、栄養素が過剰摂取になってしまうこともあります。飼い主の判断だけで与えるのはやめましょう。

POINT 8 苦手な食べ物に好きな食べ物を組み合わせる

犬にも好き嫌いがあります。野菜のなかの何かひとつが苦手、という程度であれば無理に食べさせる必要はありませんが、野菜全般が苦手では栄養が偏ります。そういったときには、犬が苦手な食材を細かく刻んで好きな食材と混ぜたり、脱脂粉乳や粉チーズなど犬の好きな香りがするものをふりかけたりしてみましょう。苦手なものを無理に食べさせるのではなく、おいしくなるように工夫してあげることが大切です。

POINT 9 幅広い食事を楽しませる

この時期になると体がしっかりとでき、消化できる食材が増えてきます。離乳期の初期では、アレルギーの原因になるためおすすめしていませんでしたが、成犬になってからはさまざまなものを食べさせてあげましょう。犬は雑食なので、基本的に人間と同じ食材を食べることができます（※例外もある。P.24～25参照）。ですが、人間用のものをそのまま食べさせてはいけません。犬には犬用の食事を用意することを忘れないように。

POINT 1

食欲が減らない場合は肥満を警戒

高齢化すると運動量が減るため必要とするカロリーも少なくなります。そのため、必然的に食欲が低下します。これは自然現象なので、ガリガリにやせすぎていなければ心配ありません。しかし、食欲が自然と減らない犬の場合は、肥満になりやすいので注意が必要です。健康的な体型を維持するための毎日のチェックは欠かさずに、しっかり管理しましょう。チェックの仕方は、P.16のPOINT1を参考にしてください。

POINT 2

肥満は手術のリスクを高める

人間と同じで老犬になるとけがや病気が増えてきます。肥満の犬は、普通の犬よりもけがや病気で手術が必要になったとき、高いリスクを負うことになります。手術に使う麻酔薬は脂肪に溶け込んでしまう性質があるため、肥満の犬にはより多くの量を投与しなくてはなりません。そのため、術後の麻酔から覚めるまで時間がかかり、事故の危険性も高まるのです。

老犬期

老犬期は運動量が少なくなるので、肥満に注意。逆に運動機能の低下によって筋肉が落ち、やせてしまうことがあります。老化がはじまっても、すぐに食事をやわらかいものに切り替える必要はありません。

POINT 3

食事量減でも十分な量の水分を与える

食欲の低下にともない水を飲む量が減ってしまうことがあります。老廃物を排出するには十分な水分を摂取していなければいけません。排泄物がかたい、または便秘になっているようであれば、水分が不足している可能性があります。食事に水分の多いものを与えたり、こまめに水を飲ませたりして脱水症状を予防することが大切です。

POINT 4

脱水症状を確認する

犬の脱水症状を確認する簡単な方法があります。犬の首の後ろの皮をつまんで、ぱっと離してみましょう。正常ならば1～2秒で元に戻りますが、2秒以上かかる、または形が元に戻らない場合は脱水している可能性があります。毎日どれだけ水を飲んだかをチェックすることも脱水症状を防ぐポイントです。水を飲まないときには、だしで風味をつけてみてください。

POINT 5 生活スタイルは年齢ではなく犬の調子に合わせる

老犬期に入ったからといって極端に生活を変える必要はありません。犬の体力がある間は成犬期と変わらない生活を続けていきましょう。歩くこと、食べることは元気のバロメーター。大切なのは、犬が出したサインに気づいてあげることです。例えば散歩のときに道端に座り込む、食べていた食事を残す、吐いてしまうなどのサインが見られたら、散歩の距離を短くする、食事の量を減らす、消化しやすいものに変えるなど、犬の調子に合わせた生活スタイルにしてあげましょう。

POINT 6 消化によい食事を意識する

消化機能や噛む力、唾液の分泌量の低下が見られるようになったら、消化しやすいように食事に工夫しましょう。成犬期の食事と大きく変える必要はありませんが、以下の4つの点に気をつけるとよいでしょう。

1. 食事をやわらかくする
2. 1回の食事量を減らす
3. 水分の多い食事にする
4. 食物繊維の多い野菜は加熱してやわらかくする

POINT 7 食事の工夫で免疫力を上げる

高齢になると免疫力が低下するといわれていますが、正確には「免疫力を支える体力」が低下しています。免疫力の向上効果のあるサプリメントの多くには「β-グルカン」という成分が含まれています。「β-グルカン」はシイタケやマイタケなどのきのこ類にも含まれている食物繊維の一種。きのこを細かく刻み、お湯で煮出した汁をごはんに混ぜてあげることでも取り入れられます。サプリメントは必要な栄養素をすぐに摂取できるので便利ではありますが、老犬期に入ったからといって、必ずしも摂取させなければいけないものではありません。こうした食事のひと工夫でも十分なのです。

POINT 8 やせてきて食いつきが悪い場合は香りで刺激する

小腸や大腸の運動機能が低下すると、自分で食事量を制限しはじめます。骨が浮かぶほどやせすぎてしまうようであれば問題です。食欲が低下したときには、食事を温めてにおいを強くしたり、だしやふりかけを混ぜてにおいづけをしてあげるなどの工夫で、食欲を刺激してあげましょう。また、高たんぱく低脂肪の肉は筋肉を補強するのでおすすめです。

POINT 9 飲み込みやすいひと口サイズにする

しっかりと奥歯でかみ砕く人間と違って、犬は前歯で食べ物を引きちぎり、そのまま飲み込みます。そのため老化により噛む力が弱ってくると、食べ物を大きなサイズで飲み込むことになり、胃腸に負担がかかってしまいます。噛まずに飲み込んでも問題ないように食材をやわらかめに調理し、ひと口で飲み込める大きさに切って与えましょう。

PART 4

人間と一緒に食べられる！

犬にとってもおいしい食材

食べさせてはいけないNG食材（P.24〜25参照）にさえ気をつければ、犬が食べられる食材は意外と多いもの。食材分類表の項目別に、与えてよい代表的な食材を紹介します。犬に料理を与えるときは、基本的に常温のものを与えます。熱し過ぎれば火傷の危険があり、冷たすぎるとおなかを壊してしまうからです。

1 穀類

食事のベースとなります。炭水化物は犬にとって必ずしも必要な栄養素ではありませんが、食事のかさを増して満腹感を得たり、腸内細菌のエサになったりします。穀類の消化が苦手な犬や、はじめて穀類を食べる犬の場合は、やわらかく煮て少量ずつ与えてあげましょう。「犬の体に穀類は合わないから、食べさせてはいけない！」という極端な情報がありますが、それは「生米」を食べたら消化できないという意味で、犬は炊いたお米は消化吸収できますので、安心して与えてください。

白米

人肌の温度に冷ましてから与えます。だし汁などでやわらかく煮込めば消化によく、水分もたっぷり摂ることができます。

玄米

食物繊維が豊富で、便秘気味のときにおすすめ。消化に時間がかかるため、炊いたあとにやわらかく煮込むか、ペースト状にします。

食パン

ひと口大にちぎって与えてください。市販の惣菜パンや菓子パンは味つけが濃く、添加物が多いので与えないようにしてください。

パスタ

茹でる前に犬が食べやすいように折っておきましょう。塩分濃度が高くなるため、茹でる際の塩は少なめにしてください。

うどん

消化しやすいのでおなかの調子がよくないときに最適です。食べにくそうなら食用ハサミで短く切ってから与えてください。

そば

基本的には与えても問題ありませんが、はじめは数本を与え、嘔吐や下痢などアレルギー反応を示さないかを必ず確認します。

大豆

良質なたんぱく質を多く含んだ食材。粒が大きいと消化しにくいので、水煮を細かく刻むか、ペースト状にして与えましょう。

2

肉・魚

体を作るたんぱく源となります。肉は下味をつけず、魚は小骨を取り除いてからひと口大に切って与えましょう。肥満の原因になるので、与えすぎには注意。

牛肉

たんぱく質やカルシウムの吸収を助けるリジンがたっぷり。肉類全般でひき肉は消化によく、離乳食に最適です。

豚肉

中性脂肪の原因となる糖質の分解を助け、エネルギーに変えるビタミンB_1が豊富。食中毒の原因となるため、必ず加熱処理を。

鶏肉

鶏皮は余分な油脂が多いので取り除きます。他の肉に比べて消化がよく、特にささみは高たんぱく低脂肪です。

ラム肉

たんぱく質、糖質や脂肪の代謝を促す効果があるビタミンB群が豊富。また、コレステロール値が低いという優秀食材。

レバー

貧血防止に必要な鉄分や免疫力が向上するビタミンAを多く含みます。食中毒の危険があるため、必ず加熱処理をすること。

ブリ

血液をサラサラにする効果を持つEPAを多く含みます。魚類は、市販の刺身を生で与えても大丈夫な食材です。

サケ

消化によいたんぱく質を多く含みます。塩で味つけされた切り身は味が濃いので、味つけされていないものを使用します。

マグロ

赤身は脂肪が少なく、高たんぱく質低カロリー。脳を活性化させるDHAも豊富です。貧血気味なら、鉄分が豊富な血合いがおすすめ。

アジ

脂肪の燃焼を促す成分が含まれており、肥満に効果的。干物には塩分が多く含まれているので与えるのはNG。骨はすべて取り除きます。

貝類

疲労回復に効果的なタウリンが豊富。貝殻から取り外し、身のみを与えます。ホタテなど身の大きい種類はひと口大に切ります。

卵

栄養価が高くおすすめですが、犬の体質によっては加熱処理をしましょう。アレルギーの原因になることもあるため週1回が目安です。

3 野菜グループ

栄養価が高く犬の健康を維持するのに欠かせない食材です。小さく切ったりスプーンの背で押しつぶせる程度にやわらかくしたりして与えます。

かぼちゃ

ナトリウム（塩分）を排泄するカリウムが多く高血圧を予防してくれます。加熱すると甘みがでるため、犬に好まれる食材です。

カリフラワー

食物繊維を多く含み、腸内の老廃物を排泄させる働きがあります。食べやすいように小房に分け、茹でてから与えてください。

キャベツ

多くのビタミンや酵素を含みますが、これらは熱に弱いため生で与えるのがおすすめ。ひと口大に切るか、千切りで与えます。

ごぼう

食物繊維が主成分で便秘に効果的。ささがきにして水にさらし、アクを取って茹でます。ペースト状にすれば消化がよくなります。

大根

胃腸の働きを整えるアミラーゼを含みます。食欲がないときにおすすめですが、熱に弱い栄養素なのでひと口大に切るかおろして与えます。

トマト

抗酸化作用のあるリコピンが多く、水分も摂取することができます。青いものは犬には有害なので、必ず完熟した実を与えます。

にんじん

体内でビタミンAに変わるβ-カロテンが豊富なため、免疫力の維持に効果的です。茹でた際の甘みが犬にも好まれます。

白菜

豊富な水分と食物繊維が含まれているので脱水対策におすすめ。栄養素は水に溶けるため、煮汁と一緒に与えましょう。

ピーマン

ビタミンCを多く含み、血液に必要な鉄分の吸収を助けます。生のままではかたく、青臭さが強いため、加熱して与えてください。

ブロッコリー

ビタミン、ミネラル、食物繊維が豊富で、抗がん作用があります。小房に分けてから、塩は使わずにやわらかく茹でて与えます。

ほうれん草

鉄分が豊富で貧血予防に役立ちます。結石の原因となるシュウ酸を含むため、必ず真水で湯がいてから与えてください。

さつまいも

腸内環境を整えるのに役立ちます。加熱すると甘みがでておいしくなるため、ふかす以外にも焼いたり、茹でたりしてもＯＫ！

じゃがいも

でんぷん質が豊富で消化しやすい食材。ひと口大に切って茹でるか、炒めて与えるのがおすすめ。マッシュしてサラダにも使えます。

えのき

糖質やたんぱく質をエネルギーに変えるビタミンB_1とビタミンB_2が含まれています。必ず加熱してから与えましょう。

油脂・風味

毛づやを整え、便秘を防止するためにも適量の油が必要。スープ類に昆布やしいたけを使って風味を加え、不足しがちな水分をおいしく摂取させましょう。

オリーブオイル

不飽和脂肪酸が豊富な食材で、コレステロール値を低く抑えます。仕上げに垂らす程度に加えるなど、風味づけに使います。

ごま油

香りがよく食欲増進に効果的な食材です。コレステロール値を下げるリノール酸が多く、高血圧を予防する働きもあります。

昆布

ミネラルや、甲状腺の働きを整えるヨウ素が豊富です。粉末状にして食事にまぶすか、やわらかく煮込み、小さく切って与えましょう。

煮干し

犬は煮干しの香りが大好き。丸飲みすると喉を傷つける可能性があるので、細かく砕くか、やわらかく煮てから与えましょう。

干ししいたけ

食物繊維が豊富なので戻したしいたけを料理に使えば便秘に効果的。戻し汁をだしに使用すれば、さらに水分をおいしく摂取できます。

OTHER

与えてもよいその他の食材

- ごま
- オートミール
- みそ
- 豆腐
- おから
- ひじき
- のり
- はるさめ
- しょうが
- ターメリック
- パセリ
- ミント
- はちみつ
- きな粉
- ヨーグルト（無糖）
- 豆乳
- ココナッツミルク
- 片栗粉
- ゼラチン

PART 5

犬の健康に悪影響を及ぼす！

食べさせてはいけないNG食材

人が食べるものの多くは犬に与えても大丈夫ですが、例外があります。
人にとって栄養価が優れているものでも、犬にとっては危険なものも。
直接与えていなくても知らないうちに犬が勝手に
食べてしまうこともあるので、きちんと把握しておきましょう。

NG チョコレート

犬にとって大変有害です。テオブロミンという嘔吐や下痢の原因となる成分が含まれており、ひどいときにはショック状態になることも。最悪の場合、急性心不全を引き起こし死亡することもあります。誤食しないように食べ残しは放置しないこと。

NG カフェイン

[コーヒー、紅茶、緑茶、抹茶、ココア、コーラなど]

少量でもカフェイン中毒を引き起こす可能性があります。症状としては不整脈、痙攣、極度の興奮状態、全身のうっ血や出血など。もし摂取してしまった場合は、速やかに病院へ連れていくか、獣医師へ相談してください。

NG ネギ類

[タマネギ、長ネギ、にら、らっきょうなど]

ネギ類には犬の体内赤血球を破壊する物質が含まれています。貧血を引き起こし、加熱しても体への影響は変わりません。このためネギ類を含んだ料理全般に危険があります。常食しない限り、死亡することはありませんが、呼吸困難や衰弱、嘔吐などを引き起こします。

NG 鋭利なもの、骨類

[あたりめ、加熱した骨、魚の骨、生の獣骨など]

「犬は骨が好き」というイメージがありますが、骨付きの肉を、丸ごと与えるのは要注意です。骨のかけらなどをそのまま飲み込んでしまうと、のどや内臓を傷つけてしまう可能性があります。特に加熱した骨はもろく、とがったまま欠けやすくなっています。

NG 味の濃い食材

［ 惣菜パン、ハム、干物、ベーコン、ラーメンなど ］

野菜に含まれる自然な塩気程度なら問題ありませんが、味のついた食材はNGです。犬はあまり汗をかかない動物なので、体内の塩分を排出できません。塩分によって濃くなった血液を動かそうと心臓に負荷がかかると、高血圧や心臓病の原因となることもあります。

NG 香辛料

［ こしょう、とうがらし、マスタードなど ］

嗅覚の鋭い犬には香りや刺激が強く、もし食べてしまうと、胃が刺激され下痢をすることも。その場合は、薬などで止めず、便をすべて出し切りましょう。出し切らないと、別の病気を引き起こすことがあります。

NG 人間用のお菓子

［ ケーキ、クッキー、スナック菓子綿菓子、ガムなど ］

人間と同じく、犬もお菓子などの甘い食べ物が大好きです。しかし喜ぶからといって与えていると、お菓子しか食べない習慣が身についてしまいます。肥満や糖尿病、虫歯の原因にもなります。

NG じゃがいもの芽

神経に作用し、吐き気や下痢、めまいなどの症状を起こすソラニンという物質が含まれています。芽は取り残しがないように根元から丁寧に処理します。また緑色に変色した部分にも同じくソラニンが含まれているので、皮を多めに除きましょう。

実はNGじゃない食材

一般的に犬にとってNGとされている食材でも、俗説や誤った情報であることも少なくありません。そうした食材の一部をご紹介します。

実は消化しやすい甲殻類

［ 生のイカ、甲殻類 ］

生のイカやタコ、甲殻類などは犬にとって消化しにくい食材といわれていますが、実際には犬でも消化しやすい食べ物。特に生のイカの消化率は90%を超えるとされています。

生の卵白は食べても問題ない

生の卵白にはアビジンという糖たんぱく質が含まれ、皮膚炎を引き起す可能性があるといわれています。しかし、それは長期に渡って毎日多量に摂取した場合で、常識的な摂取量であれば問題はありません。気になるようでしたら、黄身と一緒に食べるか、加熱しましょう。

作りはじめの不安、疑問を解消！

手作り食についてのQ＆A

手作り食についての疑問や不安があるのは当然のことです。
犬を思う気持ちは大切ですが、気張りすぎる必要はありません。
人間のごはんを作るのと同じ感覚で大丈夫です。
料理を楽しく作ることを大切にしましょう。

QUESTION 01

手作り食を本当に食べてくれるか不安です

最初は警戒しますが、喜んで食べる犬がほとんどです

ほとんどの犬は興味を持って進んで食べてくれます。はじめて見る食材や料理に警戒して食べたがらないこともあります。食べたとしても、不安になって戻してしまうことも。最初は様子を見て、犬が「おいしい！」「食べても大丈夫」と思ってくれるのを待ちましょう。ただ、気に入らないから絶対に食べないというスタンスであれば話は別です。しつけの問題もあるので、根気よく食べてくれるのを待ちましょう。

QUESTION 02

手作り食の方が市販フードよりも安全ですか？

市販フードの栄養品質が悪いのではなく、合わない犬がいるだけです

市販のフードは栄養バランスに優れ、1年間品質も変わらない非常に便利なものです。しかし、体質に合わなかったり、病気で食事療法が必要になったりする犬もいます。また、フードだけでは水不足になったり、補えない栄養素もあったりするので、できるだけいろいろな食材をバランスよく食べさせてあげましょう。大切なのは、犬の選択肢を増やしてあげることです。

QUESTION 03

栄養バランスの偏りが心配です

毎日、同じものばかりでなければ問題ありません

基本的には手作り食のための食材早見表（P.7参照）に記載されている割合と分量で与えていれば、大きな問題はありません。また、人間と同じで1日の食事ではなく1週間、1ヵ月と全体的なバランスが保てていれば大丈夫。2日連続で肉が続いたから明日は魚と野菜にしよう、というような調整をしてください。

QUESTION 04

人間と犬の食事を一緒に作れるか不安です

自分の食事のついでに犬の食事を作るだけで、難しいことはありません

この本で紹介しているレシピは特別な料理ではありません。毎日作る料理にちょっとしたアレンジで犬も食べられるようにしたものです。もし、負担になるようでしたら、どちらかは手抜きにしたり休んだりしても構いません。犬に食べさせてはいけないNG食材（P.24～25）や、調理の順序・味つけに気をつければ、飼い主と犬の食事を同時に簡単に作ることができます。

QUESTION 05

手作り食をあまり食べてくれません

においをつけて「食べたい」という気持ちを刺激しましょう

フードから手作り食に変えると、食べる量が極端に減ってしまうことがあります。フードには犬が食べたいと思うにおいが、徹底的に研究されたうえでつけられているからです。犬がそのにおいになれていると「このごはんは食欲をそそるにおいがしない」と感じ、食べる量が減ってしまうのです。粉チーズやふりかけなどで香りを足して、食欲を促してあげるとよいでしょう。

QUESTION 06

手作り食の見た目がきれいになりません

見た目はあくまで飼い主さんの自己満足にすぎません

犬のごはんを美しく仕上げる必要はありません。というのも、犬は色を認識できない生き物なので、常に白黒で世界を見ています。飼い主が必死になって鮮やかに仕上げても、犬にはわからないのです。犬にとって大切なのはにおいです。おいしそうなにおいがすれば喜んで食べます。

QUESTION 07

作り置きや冷凍はできますか？

できます。飼い主さんの生活スタイルに合わせて活用しましょう

作り置きや冷凍はもちろん大丈夫です。時間があるときに作っておき、冷凍したものをそのつど解凍して出すと便利です。解凍で栄養素が破壊されてしまうことは避けられませんが、気にするほどのことではありません。あまり神経質になると飼い主さんが疲れてしまい、手作り食の機会が減ってしまいます。「便利で簡単」は長く手作り食を続けていくために必要な要素です。

QUESTION 08

手作り食をはじめるとどのような変化がありますか？

水分摂取量が増え、老廃物が体外へ出ていきやすくなります

手作り食を食べることにより、たっぷり水分を摂取できるようになります。というのも、それまで食べていたドッグフードの水分量は10％未満で、水分摂取にはほとんど役立っていません。手作り食は水分量が50～60％あるため、水を飲まなくても水分摂取ができるのです。また、水分を十分に摂ることによって代謝がよくなり、体の中に溜まっていた老廃物を排出するようになります。

QUESTION 09

手作り食で体調を崩したとき、どうすればいい？

老廃物の排出による体調改善の途中と考えられます

手作り食をはじめて、尿の色が変わった、発疹、嘔吐、下痢が起きたとします。しかし、そのほとんどは、水分の摂取量が増えたことによるものです。数日間様子を見ると症状は改善していきます。悪化するようであれば獣医師と相談してください。また、特定の食物アレルギーも考えられるため、こちらも獣医師に相談するとよいでしょう。

本書のレシピの使い方を確認する

簡単な調理の流れを把握する

調理をはじめる前に、犬のごはんの作り方の簡単な流れを確認しましょう。基本的には飼い主のごはんを作る過程で、味つけをする前に犬のごはんを取り分けていきます。これから紹介する工程は、ほぼすべてのレシピに共通する流れです。把握しておくとスムーズに作業を進めることができます。

1 材料を切る

すべての材料を飼い主用のサイズに切ります。

2 材料を加熱する

材料に火を通します。野菜や穀類は犬が消化しやすいようにやわらかくします。スプーンで潰せるかたさがベスト。

3 犬のごはんを取り出す

鍋の中から犬のごはんに使う分量を取り出します。おおまかな目安として、犬の頭の大きさの量です。

4-1 飼い主のごはんに味つけをする

鍋に残った飼い主のごはんに調味料で味つけをします。ネギや香辛料など犬が食べられない食材もここで入れます。

4-2 犬のごはんをはさみで切る

取り出した犬のごはんを、犬が食べやすい大きさに切ります。犬の好みもありますが、1cm程度の大きさがベスト。

犬の食欲を高めるために、粉チーズやふりかけなど、香り高い食材を加えるとよいでしょう。

PART 8

安全な犬ごはんのために

5つのポイントをチェック

ごはんの食べさせ方について5つのポイントを紹介します。
人間では何でもないことでも、犬にとっては危険な場合があります。
安全のためにもしっかりとポイントを確認してください。写真ではわかりやすいように盛りつけをしていますが、犬にごはんを与えるときには
中身をよく混ぜてあげましょう。

POINT 1 犬のごはんは必ず冷ましてから与える

人間はできたての熱いごはんでも、気をつけながらおいしく食べることができますが、犬は熱いものでも一気に食べてしまうため、顔や口の中を火傷するおそれがあります。指を入れてみて「温かい」「ぬるい」と感じる温度が犬にとっての適温です。「冷たい」と感じるまで冷やしてしまうと、犬がおなかを下してしまいますので、少し温めてから与えてください。

POINT 2 そばやパスタなどは細かく切る

犬はそばやパスタなどの長い麺類も大好きですが、上手に噛み切ることができません。そのうえ、一気にすすって食べようとするため、のどを詰まらせてしまうおそれがあります。麺類を与えるときには、はさみで短く切ってから与えましょう。

POINT 3 肥満が気になる犬は脂身を取りのぞく

肉の脂身や鶏肉の皮などには犬にとって余分な脂がついていますが、健康な犬であれば、それほど神経質になって取る必要はありません。しかし、おなかがゆるいときや、ダイエット中のときには外してから調理したほうがよいでしょう。また、カロリー制限が必要なシニア犬の場合も、取りのぞいてあげたほうがいいかもしれません。

POINT 4 だし汁で香りをつける

だしには犬の食欲をそそる香りがついてますが、市販の顆粒だしは塩分が多いためおすすめできません。昆布やカツオ節などで作っただし汁であれば犬が気になるほどの塩分量はないため、安心して使用できます。素材を水に一晩浸けるだけで簡単に作れる水だしがおすすめ。犬の食事が進まないときにごはんに混ぜたり、水分摂取として飲ませてあげることができます。※水1Lにつき、20gの素材（カツオ節、昆布、にぼしなど）をベースにお好みで調整してください。

POINT 5 みそこしや茶こしで犬用の野菜を茹でる

本書のレシピでは、原則的に飼い主と犬が同じ食材を食べるものとして同時に調理しています。飼い主と犬が違う食材を食べたいときには、みそこしや茶こしを使って違う食材を同時に調理できます。犬用にあらかじめ細かく切った材料をストックしている場合にも便利です。ただし、エキスが混ざると危険なネギ類など、犬に有毒な食材の場合はやめましょう。

本書の使い方

本書では犬の健康な生活を目指し、
犬にとっての食材の栄養素や調理ポイントを掲載しています。

1 犬用ごはんのアイコン

犬が食べる料理の写真を示すアイコンです。

2 飼い主用ごはんのアイコン

飼い主が食べる料理を示すアイコンです。

3 食欲刺激ポイント

食材や調理法について犬の食欲をそそる効果を紹介しています。

4 材料の量

本書のレシピの材料は体重5kgの小型犬を基準にした分量です。P. 8を参考にして、自分の飼い犬に合わせた分量に調節しましょう。

5 健康のポイント

料理に使っている食材の栄養素や健康効果について紹介しています。

6 テクニックのポイント

料理を作る上での技術的なポイントについて説明しています。

この本の表示について

- 計量の単位は、小さじ5ml、大さじ15ml、お玉1杯50gです。
- レシピ内で使用するだしについてはP.30を参照してください。
- 材料内に「下準備」の記載がある場合は、料理をはじめる前にご用意ください。
- 犬の料理の写真はわかりやすいように盛りつけています。全体をよく混ぜてから犬に与えてください。

犬のごはんの量は1日分の量

このレシピに記載されている1食分の量は、犬の1日の食事量です。人間は朝、昼、晩の3回の食事が基本ですが、犬の場合はそうとも限りません。体調や年齢など犬の様子を見ながら、複数回に分けて与えましょう。1回ですべて食べきれるようなら与えてしまってもかまいません。その場合、犬が2回目の食事を欲しがっても与えないようにしましょう。

…このマークがあるレシピは材料覧にある「ご飯（犬用）」を加えましょう。

CHAPTER 2

毎日の献立に
使える
定番レシピ

鶏肉とキャベツとかぼちゃのスープパスタ

抗酸化作用のあるビタミンA・C・E（エース）が揃ったスープパスタ。鍋ひとつで作れて、水分補給にもぴったり。

材料（2人＋1匹分）

- 鶏もも肉……150g
- キャベツ……2枚
- かぼちゃ……100g
- しらす干し……30g
- スパゲッティ……120g
- ブロッコリー……1/4個
- 水……600～700mℓ
- コンソメ……適宜
- 塩、こしょう……適宜
- オリーブオイル……大さじ1/2

作り方／飼い主

1. 鶏もも肉、キャベツ、かぼちゃはひと口大に切る。
2. 鍋にオリーブオイルを入れ熱し、鶏肉を炒める。色が変わったら、水を加える。
3. 沸騰したらしらすとかぼちゃ、半分に折ったスパゲッティを入れて茹でる。
4. 茹で上がる3分前にキャベツとブロッコリーを加える。
5. コンソメと塩、こしょうで味をととのえる。

作り方／FOR DOG

1. 具材約お玉2杯分（95g）を取り出し、はさみで食べやすい大きさに切り、器に盛る。
2. 煮汁約お玉2杯分（100mℓ）を注ぐ。

POINT 1 スパゲッティはショートパスタでも代用可

ショートパスタに代えると、スパゲッティを細かく切る手間が省けます。

POINT 2 カルシウムが豊富なしらす

歯や骨の形成に必要なカルシウムが豊富。塩分が多い食材ですが、一度に大量に与えるのでなければ問題ありません。もし、気になるようでしたら塩抜きをしたり、無塩しらすなどを選びましょう。

POINT 3 ビタミンA・C・E（エース）で生活習慣病を防ぐ

鶏肉にはビタミンA、キャベツにはビタミンUとビタミンK、かぼちゃにはビタミンCとビタミンEが含まれています。これらのビタミンは体内に侵入したウイルスを撃退し、免疫力をUPさせる作用があります。特にビタミンA・C・E（エース）は三大抗酸化ビタミンと呼ばれ、生活習慣病の予防にもなります。

野菜と水分がたっぷりの汁物は
ダイエットと便秘対策に最適。
甘みのあるさつまいもは
犬が好きな野菜のひとつです。

かぼちゃと豚肉のさつま汁

FOR 飼い主

豚肉と甘いさつまいもがマッチ
汁をたっぷり吸った高野豆腐に
ほっこりするワン

FOR DOG

材料（2人+1匹分）

- かぼちゃ……1/8個
- 豚こま切れ肉……150g
- さつまいも……1/2本
- 干ししいたけ……2個
- 高野豆腐……1枚
- にんじん……1/3本
- 白菜……大1枚
- いんげん……4本
- だし汁……500～600mℓ
- サラダ油……小さじ1
- みそ……大さじ1と1/2

作り方／飼い主

1. 干ししいたけと高野豆腐は水で戻し、ひと口大に切る。
2. さつまいも、かぼちゃ、にんじん、白菜はひと口大に切り、いんげんは3cm幅に切る。
3. 鍋にサラダ油を入れて熱し、豚こま切れ肉を炒める。**1**といんげん以外の野菜を加え、さっと炒める。
4. **1**とだし汁を加え、野菜がやわらかくなるまで煮る。
5. 仕上げにいんげんを加え、3分煮る。
6. みそを溶いて味をととのえる。

作り方／FOR DOG

1. 具材約お玉2杯分（88g）を取り出し、はさみで食べやすい大きさに切り、器に盛る。
2. 煮汁約お玉1杯半分（70g）を注ぐ。

POINT 1

さつまいもは皮をつけたまま切る

さつまいもの皮は栄養の宝庫です。美肌効果のアントシアニンとクロロゲン酸、ビタミンC、カルシウム、カリウムなど多くの栄養が含まれています。丸ごとよく洗って皮も一緒に使いましょう。

POINT 2

高野豆腐で悪玉コレステロール減

高野豆腐に含まれるたんぱく質の一種、レジスタントプロテインには血中の悪玉コレステロールを減少させ、食後の中性脂肪の上昇を抑制する効果があります。

リコピンたっぷりのトマトと
ビタミンCが豊富なパプリカで
見た目鮮やかな一品。体が
弱ったときにおすすめ。

豚肉の
トマト煮

FOR 飼い主

FOR DOG

トマトの甘みと
チーズの香りがGOOD
よだれが
垂れちゃうワン

材料（2人+1匹分）

豚ロース肉……300g
トマト水煮缶……1缶
にんじん……1/2本
赤パプリカ……1/2個
じゃがいも……2個
パセリ……1房
パルメザンチーズ……大さじ1
オリーブオイル……大さじ1/2
水……150〜200mℓ
コンソメ……適宜
塩、こしょう……適宜

作り方／飼い主

1 豚ロース肉は3cm角、にんじん、赤パプリカ、じゃがいもはひと口大の乱切りにする。

2 パセリはみじん切りにする。

3 鍋にオリーブオイルを入れ熱し、**1**の豚肉を炒める。

4 表面の色が変わったら、**1**の野菜を加え、さらに炒める。

5 トマト水煮缶と水を加え、煮詰まってとろみがつくまで煮る。

6 コンソメと塩、こしょうで味をととのえ、器に盛り、パセリとパルメザンチーズをかける。

作り方／FOR DOG

1 具材約お玉2杯分（116g）を取り出し、はさみで食べやすい大きさに切り、器に盛る。

2 スープ約お玉1杯分（60mℓ）を注ぎ、パセリとパルメザンチーズをかける。

POINT 1

トマトとオリーブオイルは相性抜群の組み合わせ

トマトに含まれるリコピンの抗酸化作用はβ-カロテンの2倍、ビタミンEの100倍といわれ、肌や血管の老化を防ぎます。リコピンは脂溶性のため、オリーブオイルと一緒に摂取することで健康効果が高まります。また、水煮缶は酸味が抑えめのため、煮込み料理にぴったりです。

牛肉の鉄分とレタスのビタミンKで
血行促進とむくみを解消。
ごはんにとろけたチーズの匂いが
食欲をそそります。

カフェ風
タコライス

レタスのシャキッとした食感と
牛ひき肉のジューシーさが最高
早く食べたいワン

材料（2人+1匹分）

牛ひき肉……250g
レタス……2枚
トマト……1個
パセリ……2房
ピザ用チーズ……50g
ご飯……400g
パプリカパウダー……適宜
オリーブオイル……大さじ1/2
A ケチャップ……大さじ2
A ウスターソース……大さじ1
A 塩、こしょう……適宜

作り方 / 飼い主

1. レタスは3等分にしてから千切り、トマトは角切りにする。
2. パセリはみじん切りにする。
3. フライパンにオリーブオイルを入れ熱し、牛ひき肉を炒める。
4. **A**を加え、味をととのえる。
5. 器にご飯を盛り、犬分以外の**1**と**4**、チーズをのせる。
6. パセリ、パプリカパウダーを振る。

作り方 / FOR DOG

1. ひき肉を約お玉1杯半分(70g)を取り出し、半量をごはん約お玉1杯分（40 g）と混ぜる。【PHOTO：A】
2. **1**のごはんにトマトとレタスをお玉1杯半分（45 g)、残りのひき肉とチーズ約1/5（10g）をのせる。
3. パセリを振る。

POINT 1

チーズとレタスは相性抜群

チーズはカルシウムが豊富で、犬も大好きな食材のひとつ。しかし、塩分が多いので、与えすぎには注意しなくてはなりません。レタスには塩分を尿にして排出する効果のあるカリウムがたっぷり含まれているため、チーズのような塩分の多い食材と組み合わせるのに最適です。

PHOTO A

犬のごはんは犬が食べやすいように、具材をしっかり混ぜましょう。

たんぱく質やミネラルが豊富な
アジを使った房総半島の郷土料理。
アジを包む大葉の
さっぱりとした香りも魅力。

アジの さんが焼き

※実際に与えるときは、ご飯を混ぜましょう。

魚の香りにそそられる
野菜もたっぷりで食べ応え十分
おかわりしたくなるワン

材料（2人＋1匹分）

【さんが焼き】

アジ（正味）……320g
青じそ……8枚
A みそ……大さじ1
A すりおろししょうが……小さじ1
A オリーブオイル……大さじ1
オリーブオイル……適量

【野菜炒め】

キャベツ……2枚
チンゲンサイ……1株
にんじん……1/4本
えのき……1/4株
もやし……1/2袋
オリーブオイル……適量
塩、こしょう……適量
ご飯（犬用）……40g

作り方／飼い主

1 アジを細かく刻み、**A**を加えて混ぜる。

2 **1**を8等分し、青じそで包む。

3 フライパンにオリーブオイルを入れ熱し、**2**を焼いて取り出す。

4 キャベツ、チンゲンサイをざく切りにする。にんじんを拍子切りにする。えのきの石づきをとってほぐす。

5 フライパンにオリーブオイルを入れ熱し、**1**ともやしを炒める。

6 塩、こしょうを加えて炒め、さんが焼きと一緒に皿に盛る。

作り方／FOR DOG

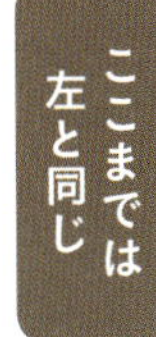

1 2つ分取り出し、はさみで食べやすい大きさに切る。【PHOTO：A】

2 約お玉2杯分（90g）を取り出し、はさみで食べやすい大きさに切る。

3 さんが焼き、ご飯を器に盛る。

POINT 1 アジの小骨に注意する

当然ですが、犬は人間のように骨を取り出して食べることはできません。アジは小骨が多いので、細かく刻む前に小骨の取り残しがないようによく注意しましょう。魚の小骨は犬ののどや臓器を傷つけるおそれがあります。フードプロセッサーを使うと、骨までペースト状になるので安心です。

PHOTO A

さんが焼きはやわらかく、犬が噛みちぎりやすい料理ですが、小さく切ってあげるとより、食べやすくなります。

ビタミンCがたっぷりの
パプリカを使ったピザトースト。
サンドイッチで余った
食パンの耳を犬用に使います。

パン耳ピザとサンドイッチ

カリカリに焼いた
パンの耳とスライスした
オリーブの香りに
もう我慢できないワン

材料（2人+1匹分）

【サンドイッチ】

食パン（5〜6枚切り）……2枚分
きゅうり……2cm
トマト……1/4個
ハム……2枚

【パン耳ピザ（2枚分）】

食パンの耳（5〜6枚切り）……2枚分
パプリカ（赤、黄）……各1/10個
ピーマン……1/8個
パセリ……適宜
トマトピューレ……大さじ2
ブラックオリーブ（スライス）……6枚
ピザ用チーズ……大さじ2

作り方／飼い主

1. きゅうりとトマトは2mmの薄切りにする。
2. 食パンは耳を切り取る。【PHOTO：A】
3. パンにきゅうり、トマト、ハムをはさむ。
4. お好みの大きさに切る。

作り方／FOR DOG

1. パプリカ、ピーマンは2mmの千切り、パセリはみじん切にする。
2. 食パンの耳1枚分を16等分に切る。
3. オーブンシートに食パンの耳を縦に4個、横に4個並べる。
4. 食パンの耳の上にトマトピューレを1/2塗り、ピーマンやパプリカ、ブラックオリーブ1/2をトッピングしピザ用チーズをのせる。【PHOTO：B】
5. チーズがこんがり焼けるまでオーブントースターで3分焼き上げる。同様にもう一枚作る。
6. パセリを振る。

PHOTO A

サンドイッチを作ったときに残る食パンの耳を使ったピザは、小型犬も食べやすく経済的。サンドイッチの具材はお好みで。

PHOTO B

食パンの耳は縦に4個、横に4個に裏表が交互になるように並べます。

肝機能を高めるタウリンが
豊富なブリを野菜と一緒に
しっかり焼いて煮ることで
おいしさもアップします。

ブリ大根

材料（2人+1匹分）

- ブリ……3切れ
- 大根……6cm
- にんじん……1/2本
- 小松菜……2株
- しょうが（薄切り）……4、5枚
- ごま油……大さじ1/2
- だし汁……300mℓ
- A しょうゆ……大さじ2〜3
- A みりん……大さじ1
- A 酒……大さじ1
- すりごま……小さじ1

作り方 / 飼い主

1. ブリは1切れを3等分にする。大根は2cm幅に切り、皮をむいて十字に4等分にする。にんじんは1cm幅にし、大根と同様に切る。小松菜は下茹でし、4cm幅に切る。
2. 鍋にごま油としょうがを入れて熱し、ブリを入れて両面焼く。
3. 大根とにんじんも加え炒めたら、だし汁を加えてやわらかくなるまで煮る。
4. Aを加え、落とし蓋をして煮汁が半分になるまで煮る。
5. 器に盛り、小松菜を添える。

作り方 / FOR DOG

1. 具材約お玉2杯分（81g）を取り出し、はさみで食べやすい大きさに切り、器に盛る。
2. 煮汁約お玉1杯半分（70mℓ）を注ぎ、小松菜を添え、すりごまをかける。

煮汁を吸った大根には栄養がたっぷり

大根には体内の熱を取り、肺を潤す作用があり、咳を鎮めてくれます。ゲップが出る場合も効果的。ブリ大根は煮汁に栄養素が豊富に溶け出しているため、煮汁も合わせて摂取しましょう。

夏野菜のゴーヤはビタミンC、
豚肉はたんぱく質が豊富。
一緒に食べることで、
夏バテ予防に最適です。

ゴーヤ入り豚汁

材料（2人+1匹分）

※実際に与えるときは、ご飯を混ぜましょう。

ゴーヤ	1/4本
豚こま切れ肉	150g
大根	2cm
にんじん	1/3本
豆腐	100g
小松菜	2株
みそ	大さじ1と1/2
ごま油	大さじ1/2
だし汁	600mℓ
ご飯（犬用）	30g

作り方／飼い主

1 ゴーヤは縦半分に切り、ワタを取って3mmの薄切り、大根とにんじんは皮をむいていちょう切りにする。豆腐はひと口大に切る。

2 鍋にごま油を入れて熱し、**1**の野菜と豚こま切れ肉を炒める。豚肉の色が変わったら、だし汁を加え野菜がやわらかくなるまで煮る。

3 小松菜は熱湯で茹で、3cm幅に切る。

4 残りのみそを溶き入れ、**3**と豆腐を加え温める。

作り方／FOR DOG

1 具材約お玉2杯分（90g）を取り出し、煮汁約お玉2杯分（100mℓ）にみそ小さじ1/2を溶かす。

2 小松菜約お玉1/2杯分（20g）をはさみで食べやすい大きさに切り、**1**にかけ、ご飯と一緒に器に盛る。

夏に食べたい野菜、ゴーヤ

ゴーヤの苦味成分は健胃効果も期待でき、夏の食欲不振の予防にもなります。豚汁にしてみそと一緒に煮ることで苦味を和らげることができ、冷房で冷え気味の体も温めることができます。

豚肉には疲労回復効果が、
ほうれん草には胃の粘膜を治す
β-カロテンが豊富。
胃の調子が悪いときにおすすめ。

しょうが焼き

※実際に与えるときは、ご飯を混ぜましょう。

材料（2人＋1匹分）

【生姜焼き】

- 豚ロース肉（生姜焼き用）……5枚
- しょうが（すりおろし）…小さじ2
- A しょうゆ………大さじ1と1/2
- A 砂糖………小さじ1
- A みりん………大さじ1
- A 水………大さじ1
- ごま油………大さじ1/2

【野菜炒め】

- にんじん………1/3本
- ほうれん草………3株
- ピーマン………2個
- ごま油………小さじ1
- 塩、こしょう………適宜
- ご飯（犬用）………35g

作り方／飼い主

1. フライパンにごま油を入れ熱し、豚ロース肉としょうがを入れ、火が通るまで焼く。
2. **A**を加え、水分が飛んだら取り出す。
3. にんじんは皮をむいて短冊切り、ほうれん草は下茹でし、よく水を切って3cm幅に切る。ピーマンは細切りにする。
4. フライパンにごま油を入れ熱し、**3**を炒める。
5. 塩、こしょうで味をととのえ、しょうが焼きに添える。

作り方／FOR DOG

1. 豚肉を1枚取り出し、器に盛る。はさみで食べやすい大きさに切る。

ここまでは左と同じ

2. 具材約お玉1杯分（40g）を取り出し、はさみで食べやすい大きさに切る。
3. 器にしょうが焼きと野菜炒め、ご飯を盛る。

しょうがは犬にも健康食材

しょうがには血行を促進するジンゲロールが含まれており、体を温め風邪を予防します。また、殺菌・抗酸化作用があり、食中毒や病気も防いでくれる働きがあります。

鉄分やミネラル、抗酸化作用のある
セサミンを含むごまを
たっぷりかけて。
具材の栄養も豊富なひと皿です。

お揃い焼きそば

材料（2人＋1匹分）

焼きそば	2玉
豚こま切れ肉	120g
キャベツ	2枚
にんじん	4cm
桜エビ	大さじ2
ごま油	小さじ2
焼きそばソース（添付）	適宜
黒すりごま	大さじ1/2
青のり	大さじ1/2
紅しょうが	適宜
水	適量

作り方／飼い主

1. キャベツの芯の部分はそぎ切り、葉の部分はひと口大、にんじんは短冊切りにする。
2. フライパンにごま油を入れ熱し、豚こま切れ肉とにんじんを入れて炒める。豚肉の色が変わったら、キャベツ、桜エビ、焼きそば、少量の水を加え、ほぐしながら炒める。
3. 添付のソースを加え、味をつける。
4. 器に盛り、黒すりごまと青のり、紅しょうがをトッピングする。

作り方／FOR DOG

ここまでは左と同じ

1. 具材約お玉2杯分（100g）を取り出し、器に盛る。食べやすい大きさにはさみで切る。
2. 黒すりごまと青のり各小さじ1/2をかける。

桜エビは犬も大好きな健康食材

桜エビは、高たんぱく低脂肪の上に、香ばしい香りやパリパリとした食感で料理にアクセントを加える食品です。殻に含まれるアスタキサンチンと呼ばれる赤い色素は、活性酸素を除去し、がん対策にも有益です。

鶏肉のビタミンB群が
皮膚のトラブルを解決。
とろみがついたシチューは
子犬から老犬まで食べやすいです。

チキン クリーム煮

FOR DOG

FOR 飼い主

材料（2人+1匹分）

鶏もも肉	1枚（250g）
じゃがいも	1個
にんじん	1/2本
かぼちゃ	80g
しめじ	1/2パック
ブロッコリー	1/4個
小麦粉	大さじ2
牛乳（または豆乳）	200mℓ
オリーブオイル	大さじ1
コンソメ	適宜
塩、こしょう	適宜
水	200mℓ

作り方／飼い主

1 鶏もも肉、じゃがいも、にんじん、かぼちゃはひと口大に、しめじは小房に分け、ブロッコリーは下茹でする。

2 鍋にオリーブオイルを入れ熱し、鶏肉を炒める。表面の色が変わったら、ブロッコリー以外の野菜も加えて炒める。

3 小麦粉を振り入れ、粉っぽさがなくなるまで炒めたら、牛乳と水を加えて混ぜながら煮る。

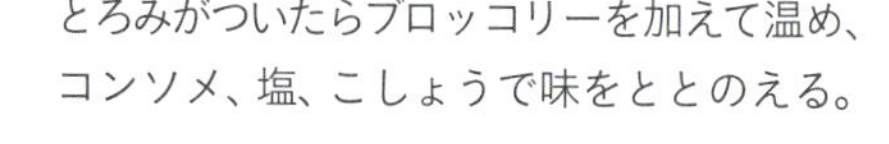

4 とろみがついたらブロッコリーを加えて温め、コンソメ、塩、こしょうで味をととのえる。

作り方／FOR DOG

1 ブロッコリーも含めて具材約お玉2杯と1/2杯分（120g）を取り出し、はさみで食べやすい大きさに切る。器に盛り、シチューを約お玉1/2杯分（30mℓ）を注ぐ。

POINT 1

牛乳が苦手な犬は豆乳で代用

牛乳はカルシウムが豊富ですが、犬は牛乳に含まれる乳糖という成分を上手に分解することができず、下痢になってしまうこともあります（大丈夫な体質の犬もいます）。そういった場合は、牛乳の代わりに豆乳（無調整）を使用しましょう。豆乳には良質なたんぱく質をはじめとする栄養が含まれています。

彩りよく、栄養豊富な野菜が
たっぷり入ったポトフ。
野菜嫌いな犬でも牛肉のだし汁で
煮込めば喜んで食べてくれます。

牛肉と彩り野菜のポトフ

FOR DOG

材料（2人＋1匹分）

牛肉（シチュー用）	300g	塩こしょう	適宜
かぶ	1個	ブロッコリー	5、6房
にんじん	1本	ミニトマト	6個
セロリ	1本	オリーブオイル	大さじ1/2
コンソメ	大さじ2	水	600mℓ

作り方／飼い主

1 かぶ（皮付き）は4等分、にんじんは皮をむいて長さを3等分にしてから縦4等分にする。セロリの茎は筋を取り、にんじんと同じ長さに、葉はひと口大に分ける。

2 ブロッコリーは下茹でする。

3 鍋にオリーブオイルを入れ熱し、牛肉の表面を焼く。**1**を加え、さっと炒めたら水を加え煮る。

4 アクを取りながら20分ほど煮たら、ブロッコリーとミニトマトを加えて温める。

5 コンソメと塩、こしょうで味をととのえる。

作り方／FOR DOG

1 具材約お玉2杯分（110g）を取り出し、はさみで食べやすい大きさに切り、器に盛る。スープ約お玉1杯半分（71mℓ）を注ぐ。

玉ネギの代わりにセロリで臭み消し

玉ネギの代わりに肉の臭み消しとしてセロリを使います。独特な香りの主成分アピインには、精神安定効果や鎮痛効果があるため、神経質な犬にはリラックス効果もあります。

疲労回復効果のある
ビタミンB_1たっぷりの鮭に
片栗粉を振って、栄養を
ギュっと閉じ込めました。

鮭のムニエル野菜あんかけ

FOR DOG

※実際に与えるときは、ご飯を混ぜましょう。

FOR 飼い主

材料（2人+1匹分）

【ムニエル】
- 鮭……3切れ
- 塩、こしょう……適量
- 片栗粉……適量
- オリーブオイル……適量

【あんかけ】
- キャベツ……2枚
- にんじん……1/4本
- えのき……1/2株
- しめじ……1/2株
- ブロッコリー……1/4個
- オリーブオイル……適量
- だし汁……200mℓ
- 片栗粉……大さじ1
- A しょうゆ……大さじ1
- A 砂糖……小さじ1
- A 塩、こしょう……適宜
- ご飯（犬用）……40g

作り方／飼い主

1 鮭の水気を拭き取り、2切れ分に塩こしょうで下味を付けて片栗粉をまぶす。

2 フライパンにオリーブオイルをひいて熱し、**1**を焼いて取り出す。

3 キャベツはざく切り、にんじんは拍子木切り、えのきとしめじは石づきを取ってほぐす。ブロッコリーは小房に分ける。

4 フライパンにオリーブオイルをひいて熱し、**3**を炒める。

5 だし汁を加えて煮立ったら、水大さじ2で溶いた片栗粉を加えてとろみをつける。**A**を加え味付けする。

作り方／FOR DOG

1 1切れ分は下味をつけず、そのまま片栗粉をまぶす。

2 鮭を焼いてはさみで切る。

3 具材約お玉2杯分（90g）を取り出し、はさみで食べやすい大きさに切る。**2**にかけ、ご飯と一緒に盛る。

犬のごはんには生鮭を使用する

塩鮭は塩分が高く、しっかり塩抜きをしても犬にとって不要な量の塩分が残ります。犬のごはんには必ず生鮭を使うようにしましょう。

マヨネーズの代わりに
ヨーグルトを使った、
さっぱりヘルシーなサラダ。
食べ応えも充分です。

チキンとマカロニのサラダ

FOR DOG

材料（2人＋1匹分）

鶏むね肉	100g
マカロニ	40g
ゆで卵	1個
きゅうり	1/2本
ミニトマト	6個
ヨーグルト	大さじ1
マヨネーズ	大さじ2
塩、こしょう	適宜

作り方／飼い主

1. 鶏むね肉は2㎝角に切り、ゆで卵は粗めに潰す。きゅうりは薄切り、ミニトマトは4等分にする。
2. 鍋に湯を沸かし、マカロニを茹でる。茹で上がる5分前に鶏肉を加える。水気をよく切り、冷ましておく。
3. **1**と**2**をボウルに入れ、ヨーグルトと和える。
4. マヨネーズと塩、こしょうを加え、味をととのえる。

作り方／FOR DOG

1. 具材約お玉2杯分（90g）を取り出し、はさみで食べやすい大きさに切り、器に盛る。

野菜をヨーグルトで和える

ヨーグルトはカルシウムが豊富で、犬も大好きな食材のひとつ。野菜が苦手な犬でもヨーグルトで和えればおいしく食べてくれます。与えるときは、無糖やプレーンタイプのものを選びましょう。

フードボウルの選び方

毎日の食事に使うフードボウル。色やデザインが豊富なのはもちろん、犬がごはんを食べやすい形状にするなど、さまざまな工夫が施されています。
犬に合ったフードボウルのポイントを見ていきましょう。

CHECK 01 素材

素材ごとの特徴について知ろう

フードボウルの素材は大きく分けてプラスチック、ステンレス、陶器の3つです。まずはそれぞれの素材による特徴を知りましょう。
犬の特徴や性格によって、使いやすい素材は変わります。

プラスチック製

安価で入手でき、壊れにくいのが利点。しかし、小さな傷がつきやすく、そこから雑菌が繁殖するため、かじり癖のある犬には不向き。また、長く触れることでプラスチックアレルギーを起こす可能性もあります。

- **100円ショップでも購入できる**
- **落としても割れにくい**

ステンレス製

丈夫で小さな傷もつきにくいのが利点。軽くて使いやすいですが、勢いよくごはんを食べる犬はひっくり返してしまいがちです。金属アレルギーを起こす可能性のほか、金属音や金属臭、反射などを嫌がる犬もいます。

- **傷がつきにくく衛生的**
- **軽くて丈夫**

陶器製

傷がつきにくく、丈夫で長持ち。重さがあるためひっくり返ることが少ないです。アレルギーの心配がないのも利点。食器洗浄機や電子レンジに対応したタイプもあります。落下の衝撃に弱いので取り扱いには注意しましょう。

- **重さがあり、ひっくり返りにくい**
- **アレルギーや有害物質の心配がない**

CHECK 02 高さ

犬がうつむきすぎない高さにしよう

写真提供：LE CREUSET
（http://lecreuset.co.jp/）
商品名：ハイスタンド・ペットボール

通常、犬は頭を下げた姿勢でごはんを食べます。しかし、この姿勢は首に力が入るため、背中、足腰にも負担をかけてしまいます。特に体の大きな大型犬はより深く下げるので、負担が大きく、体を傷める原因となります。犬の体格に合わせた高さの食器を選びましょう。体高－10cmが理想の高さといわれており、えんげ障害の防止にもなります。

CHECK 03

深さ

マズルに合わせた深さにしよう

犬の鼻先から口元全体の部分をマズルといいます。頭蓋骨に比べたマズルの長さによって長頭種、中頭種、短頭種に分けられます。それぞれの顔の形に合った深さのフードボウルを見つけましょう。

長頭種・中頭種

コリー、柴犬など

マズルが長い犬種には深さのあるタイプがおすすめ。マズルに対して底が浅いと、食べにくく、食べこぼしが多くなります。また、ダックスフントやゴールデンレトリバーなど耳が長く垂れている犬種は、耳がボウルの中に入って汚れてしまうことがあるので、間口の狭い富士山型のボウルがよいでしょう。

短頭種

シーズー・パグなど

マズルの短い犬種には間口が広く浅めのお皿がおすすめ。深い皿だと頭ごと器の中に入れて吸い込むように食べるため、むせたり吐き出したりしてしまいます。また、手作りごはんの場合はドッグフードよりもかさが多いため、お皿からこぼれることを防げるので反り返しのあるものがよいでしょう。

CHECK 04

フードスタンド

自分の犬に合わせて調整しよう

フードボウルスタンドは、サイズさえ合えば、普段使っているボウルをそのまま使用することもできます。ボウルを固定してくれるほか、高さや傾斜をつけることもできる便利なアイテムです。調節することができるタイプなら、犬の成長に合わせて使うこともできます。

写真提供：IDOG & ICAT（www.idog.jp）
商品名：Living Keat キートSサイズ（フードボウル別売り）

早食い防止

ごはんをガツガツと勢いよく食べてしまう犬には早食い防止用のボウルがおすすめ。犬はご飯を丸飲みして食べるため、早食いによって喉を詰まらせたり、空気を飲み込んだりする可能性があります。特に老犬は気管支系が弱っているため注意が必要です。犬の様子を見ながら使ってみるとよいでしょう。

容器の中が凹凸型になっており、ごはんをゆっくり食べられる仕様。

写真提供：株式会社テラモト（http://t-oppo.jp/）
商品名：OPPO フードボール・オーブン

CHAPTER 3

不調の原因を
取り除く
病気予防レシピ

肝臓病

白身魚の野菜蒸し

良質たんぱく質でビタミンB_{12}が豊富な白身魚を
たっぷりの野菜と一緒に。弱った肝臓を元気にします。

材料（2人＋1匹分）

白身魚（タラなど）……3切れ
木綿豆腐……150g
にんじん……3cm
いんげん……5、6本
しいたけ……2個
酒……大さじ1
だし汁……150mℓ

A 片栗粉……小さじ2
A 水……大さじ1

B しょうゆ……小さじ2
B 酒……小さじ2
B 塩……適宜

作り方／飼い主

1. 白身魚は水分を拭き取り、3等分にし、酒を振る。
2. 木綿豆腐は重石をして水切りし、ひと口大に切る。
3. にんじんは短冊切り、いんげんは3cm幅、しいたけは3mm幅の薄切りにする。
4. 耐熱皿に**1**〜**3**を並べ、ラップをかける。電子レンジ（600w）で3〜4分加熱する。【PHOTO：A】
5. 鍋にだし汁を入れ火にかけ、沸騰したら**A**を加えとろみをつける。
6. **B**を加えて味をととのえる。器に**4**を盛り、**5**をかける。

作り方／FOR DOG

1. 加熱した具材約お玉2杯と1/2杯分（120g）を取り出し、はさみで食べやすい大きさに切り、器に盛る。
2. **A**を加えただし汁約お玉1/2杯分（30mℓ）を注ぐ。

PHOTO A

電子レンジで蒸す

野菜を薄く切れば、蒸し器の代わりに電子レンジでも簡単に調理することができます。

POINT 1

魚に含まれるEPAが血液をサラサラに

血流が悪いとさまざまな体調不良の原因になります。魚には血液をサラサラにする効果のあるEPAが含まれています。また肝臓の自己修復能力を高めるビタミン類も含まれているため、魚をメインにした料理は健康管理に最適です。このレシピではタラを使用していますが、他の白身魚を使用してもよいでしょう。

豆乳ととろろで肝臓の働きを
サポート。そばに含まれる
コリンがビタミンの働きを助けて、
肝臓に脂肪が溜まるのを防ぎます。

肝臓病

豆乳入り とろろそば

とろろのネバネバが
好きだワン
ほのかなそばの香りも
魅力的

材料（2人+1匹分）

鶏ささみ肉……3本
山いも……150g
豆乳……200mℓ
ほうれん草……2株
そば（茹でたもの）……2玉
酒……大さじ1
めんつゆ（3倍濃縮タイプ）……大さじ2

作り方／飼い主

1 鶏ささみ肉は耐熱容器に入れ、酒を振って電子レンジ（600w）で3分加熱する。粗熱が取れたら、食べやすい大きさに割く。

2 山いもはすり下ろし、豆乳と合わせる。犬分を取り出しめんつゆを加える。
【PHOTO：A】

3 ほうれん草は下茹でし、3cm幅に切る。そばを鍋で茹で、水気を切る。

4 器にめんつゆとそばを盛り、**2**をかける。鶏肉とほうれん草をのせる。お好みで七味をかける。

作り方／FOR DOG

1 鶏肉約1/6（20g）を取り出す。

2 山いもと合わせた豆乳を約お玉2杯分（100mℓ）を取り出す。

3 ほうれん草約1/2（35g）と、そば約お玉1杯分（50g）を取り出し、はさみで食べやすい大きさに切り、器に盛る。

4 山いも豆乳をかける。はさみで鶏肉とほうれん草を食べやすい大きさに切り、のせる。

PHOTO A

豆乳ととろろで免疫力アップ

すりおろした山いもと豆乳を混ぜ合わせます。山いもには消化酵素であるアミラーゼのほか、ビタミン類、食物繊維、カリウムなどさまざまな栄養素が豊富です。また、豆乳に含まれるサポニンは体脂肪を燃焼させる働きのほか、脂質の過酸化を抑制し、肝臓の免疫力を高める効果があります。

POINT 1

山いもの食物繊維でアンモニアの発生を抑える

肝臓機能の低下によって血液中のアンモニア濃度が高まると、脳に異常をきたすことがあります。腸内にはアンモニアを作る菌がいますが、食物繊維を摂取することによってアンモニアを含める有害物質を吸着、排便してくれます。また、肥満や高血圧などにも効果的です。食物繊維が豊富な山いもを食べて、腸内環境から体調を整えましょう。

繊維質が多く、食べ応えがあり
満腹感も得られる根菜。
そして根菜には血管を若返らせ、
毒素を排出する作用があります。

腎臓病

根菜と鶏肉の
だし煮込み

ごま油が持つ香ばしい風味と
レンコンのシャキシャキ感が
たまらないワン

材料（2人+1匹分）

鶏もも肉……1枚（250g）
にんじん……1/2本
レンコン……5cm
かいわれ大根……適宜
だし汁……300mℓ
ごま油……小さじ2
A 薄口しょうゆ……小さじ2
A 酒……小さじ2
A みりん……小さじ1

作り方／飼い主

1 鶏もも肉、にんじん、レンコンはひと口大に切る。

2 鍋にごま油を熱し、鶏肉を炒める。にんじん、レンコンを加え、鶏肉に焼き色がつくまで炒める。

3 だし汁を加え、15分煮る。

4 Aを加えて味をととのえ、器に盛り、かいわれ大根を添える。

作り方／FOR DOG

1 具材約お玉2杯分（100g）を取り出し、はさみで食べやすい大きさに切り、器に盛る。

2 煮汁約お玉2杯分（80mℓ）を注ぐ。

POINT 1 根菜の力で腎臓をサポート

腎臓は体内に溜まった老廃物を排出し、血液をきれいにするフィルターの役割を持った臓器。動脈硬化などでフィルターが目づまりを起こすとで腎機能障害を起こします。目立った症状もなく徐々に進行していくのが特徴で、腎臓の機能の3/4を失ってはじめて発見されることも少なくありません。にんじん、レンコンなどの根菜には利尿作用・血液浄化作用を持つビタミンやミネラルが豊富に含まれており、腎臓のはたらきをサポートします。水分たっぷりの食事で腎臓をケアしてください。

POINT 2 レンコンのポリフェノールで動脈硬化を防ぐ

レンコンを切って置いておくと断面が黒くなります。これはポリフェノールの一種であるタンニンが酸化したことによるもの。タンニンには抗酸化作用があり、動脈硬化を防ぐ効果があります。

小松菜はアクが少なく、
犬でも食べやすい青菜。
豚肉とごま油の香りが
犬の食欲をそそります。

腎臓病

豚肉と野菜のごま炒め

炒めた黒ごまの香りがポイント
豚肉としめじをふんわりと包み
食欲をそそるワン

材料（2人+1匹分）

豚もも薄切り肉	200g
しょうが	5g
小松菜	3株
しめじ	1パック
大根	100g
ごま油	大さじ1
黒ごま	大さじ2
A しょうゆ	大さじ1
A 酒	大さじ1/2
A みりん	大さじ1/2

作り方／飼い主

1 豚もも薄切り肉は長さを3等分にする。しょうがは千切り、小松菜は4cmの長さ、しめじは小房に分け、大根はいちょう切りにする。

2 フライパンにごま油を熱し、豚肉としょうがを炒める。豚肉の色が変わったら、しめじと大根を加えて炒める。

3 大根に火が通ったら、小松菜と黒ごまを加えてさっと炒める。

4 Aを回し入れ、汁気がなくなるまで炒める。

作り方／FOR DOG

1 具材約お玉2杯分（111g）を取り出し、食べやすい大きさにはさみで切り、器に盛る。

POINT 1

小松菜と豚肉は相性抜群

小松菜はカルシウム、鉄分、βカロテンが豊富で、栄養価に優れた野菜です。たんぱく質の多い豚肉と合わせて食べると、カルシウムと鉄の吸収率が高まります。

POINT 2

豚肉の疲労回復効果で腎臓への負担を少なくする

豚肉には疲労回復効果のあるビタミンB_1や質の高いたんぱく質が含まれており、腎臓をはじめとする内蔵機能を助けてくれます。さらに、中性脂肪の原因となる糖質の分解を助ける働きもあります。腎臓の病気は一度かかってしまうと、進行を遅らせるための食事制限が必要になります。獣医師とよく相談し、指示に従った食事療法を行ってください。一番大事なのは病気にならないことなので、日々の食生活を見直し予防しましょう。

肉と野菜たっぷりの
健康サラダ。
牛肉のにおいにつられて
犬もおいしく食べられます。

心臓病

牛肉サラダ

材料（2人+1匹分）

牛もも薄切り肉……240g
にんじん……2/3本
キャベツ……3枚
えのき……1パック

A
マヨネーズ……大さじ3
マスタード……小さじ2
牛乳……大さじ1
塩、こしょう……適宜

作り方 / 飼い主

1 にんじん、キャベツは千切り、えのきは小房に分ける。

2 鍋に湯を沸かし、にんじんとえのきを茹でて取り出す。よく水気を切っておく。

3 牛もも薄切り肉を茹でる。火が通ったら取り出す。

4 冷めたら器にキャベツを盛り**2**、**3**をのせる。混ぜ合わせた**A**をかける。

作り方 / FOR DOG

ここまでは左と同じ

1 具材約お玉1杯分（40g）を取り出す。

2 牛肉約1/6（40g）を取り出し、はさみで食べやすい大きさに切る。

3 キャベツ約1/5（30g）を器に盛り、**1**と**2**をのせる。

POINT 1

心臓への負担を減らす食事を心がける

心臓病を食事で治療することは難しいですが、予防として血流をよくしたり、肥満を解消することで心臓への負担を減らすことはできます。キャベツには血管の老化を防ぐビタミンCや「造血のビタミン」と呼ばれる葉酸が豊富です。また、にんじんに含まれるβカロテンには動脈硬化を予防する効果があります。また、口の中の菌が心臓病悪化に影響するという報告もあります。正しい口内ケアを習慣化することも重要です。

POINT 2

えのきの力で内臓をきれいに

えのきはビタミンB群を多く含んでいるため、エネルギー代謝を促進し、内臓脂肪をつきにくくしてくれます。

魚には血液をサラサラにする
DHAやEPAが豊富です。
彩りとしてのみつばにも
強い抗酸化作用があります。

心臓病

魚の
きのこのせ

だしの香り豊かなホクホクの魚と
やわらかくてプリプリのしいたけ
濃厚な味わいだワン

材料（1人+1匹分）

魚の切り身（サワラ）……3切れ
しいたけ……2個
みつば……3本
A 酒……小さじ2
A しょうがの絞り汁……小さじ2
小麦粉……大さじ2
サラダ油……大さじ1
だし汁……200mℓ
B 薄口しょうゆ……大さじ1/2
B 酒……大さじ1/2
B みりん……小さじ1

作り方／飼い主

1 しいたけは薄切りにし、みつばは2cm幅に切る。

2 サワラは余分な水分を拭き取り、**A**をかける。5分ほどおき、小麦粉をつける。

3 フライパンにサラダ油を入れ熱し、**2**を両面焼く。

4 鍋にだし汁を入れ火にかけ、沸騰したらしいたけを入れる。火が通ったら**2**を戻し入れ、1、2分煮る。

5 **B**を加え、一煮立ちしたら器に盛り、みつばをのせる。

作り方／FOR DOG

1 具材約お玉1杯分（55g）を取り出し、はさみで食べやすい大きさに切り、器に盛る。

2 煮汁約お玉1/2杯分（30mℓ）を注ぎ、みつばをのせる。

POINT 1 魚のDHAとEPAで動脈硬化を防ぐ

心臓病の原因のひとつに動脈硬化があります。魚にはDHAやEPAといったオメガ3系高度不飽和脂肪酸という栄養素が含まれており、これらはコレステロール値を下げて、血液をサラサラにしてくれます。DHAやEPAは、サワラをはじめとするサンマ、サバ、アジ、イワシなどの青魚に豊富です。

POINT 2 実は高いみつばの栄養価

みつばの香りには、食欲増進や、神経を安定させる効果があります。また、抗酸化作用のあるポリフェノールも含まれています。

弱った胃腸には
とろみのついた食事が最適。
おなかの中から
体を温めてあげましょう。

消化器系疾患

キャベツと鶏肉のとろみ煮

ゴロゴロと入った鶏肉と野菜を
コトコト煮こんだやさしい甘み
胃腸にしみこむワン

材料（2人+1匹分）

鶏もも肉……1枚（250g）
キャベツ……4、5枚
にんじん……1/2本
青じそ……3枚
だし汁……300mℓ
A 片栗粉……大さじ2
A 水……大さじ3
塩、こしょう……適宜

作り方／飼い主

1 鶏もも肉はそぎ切り、キャベツとにんじんはひと口大に切る。青じそは千切りにする。

2 鍋にだし汁を入れて火にかけ、沸騰したら鶏肉とにんじんを入れる。火が通ったらキャベツを加え、さらに5分ほど煮る。

3 Aを加え、とろみをつける。

4 塩、こしょうで味をととのえて器に盛り、青じそをのせる。

作り方／FOR DOG

1 具材約お玉2杯と1/2杯分を取り出し、はさみで食べやすい大きさに切る。煮汁約お玉2杯分（100mℓ）を注ぐ。

2 青じそをのせる。

消化器系の疾患予防の効果

消化器系の不調は精神的なストレスから起こることがあります。デリケートな性格の犬にはストレスの原因を取り除いた環境を作り、消化しやすい食べ物を与えてあげましょう。野菜に含まれる食物繊維は消化に時間がかかりますが、やわらかく煮て、片栗粉でとろみをつけてあげると消化器系への負担が小さくなります。片栗粉はデンプンでできているため、消化吸収がよいのも特徴です。

POINT 2

青じそを食べてストレス軽減

青じその独特の香りの元であるペリルアルデヒドという成分には、胃液の分泌を促し、食欲を増進させる効果があります。また、精神安定作用のあるカルシウムも豊富です。

エビやホタテのタウリンには
疲労回復効果があります。
食べ応えのあるグラタンで
満足感も得られます。

消化器系疾患

エビとホタテのグラタン

プリッとしたエビの食感と
ホタテの歯ごたえが魅力的
海の幸が満載だワン

材料（2人+1匹分）

むきエビ……8個
ホタテ貝柱……4個
じゃがいも……2個
バター……20g
小麦粉……30g
牛乳（または豆乳）……350mℓ
パルメザンチーズ……30g
塩、こしょう……適宜

作り方／飼い主

1 じゃがいもを2cm角にし水にさらす。

2 耐熱容器に**1**とエビ、ホタテを並べ1分30秒加熱する。

3 バターを耐熱容器に入れて電子レンジ(600w)で30秒加熱する。小麦粉を加えて練る。牛乳を加えて混ぜ、電子レンジで2分加熱したら、取り出して混ぜ、再度2分半加熱し、ホワイトソースを作る。

4 **3**に塩、こしょうを加えて味を整える。

5 グラタン皿に**2**、**3**を入れてパルメザンチーズを振る。オーブントースターで焼き目がつくまで焼く。

作り方／FOR DOG

ここまでは左と同じ

1 エビとホタテは2個ずつ取り出し、はさみで切る。じゃがいもは約25g、ホワイトソースは約お玉1杯分(50mℓ)を取り出す。

2 グラタン皿に入れてパルメザンチーズを振る。オーブントースターで焼き目がつくまで焼く。

POINT 1

ホタテは犬にとっても栄養満点食材

ホタテは高たんぱく、低カロリーで、ビタミンや亜鉛、タウリンも豊富。タウリンは肝臓の働きを活発にし、コレステロールや中性脂肪を減らす効果があります。ホタテを調理するときは、毒がある内臓部分を取りのぞき、よく加熱しましょう。また、消化器官の改善は休ませることが一番よい方法。体調が悪いときは、食事を控えて様子を見ましょう。少しでも普段と違う時は自己判断せずに、獣医師に相談してください。

POINT 2

ホワイトソースを上手に作るコツ

電子レンジを使えば、簡単にホワイトソースを作ることができます。泡立て器でむらなく混ぜるのが、ダマにならないコツ。

おからは栄養豊富で健康的な
食材なのでダイエットにうってつけ。
犬と一緒に太りにくい体を
作りましょう。

肥満・糖尿病

おから入り ハンバーグ

材料（2人+1匹分）

鶏ひき肉……200g
おから……100g
大根……150g
ひじき……4g
卵……1個
サラダ油……小さじ2
A 薄口しょうゆ……小さじ2
A 酒……小さじ1
ポン酢しょうゆ……適宜

作り方／飼い主

1. 大根はすりおろし、ひじきは水で戻す。
2. ボウルに鶏ひき肉とおから、水を切ったひじき、卵を加え、粘り気が出るまでよく混ぜる。
3. Aを加えてさらに混ぜたら、好みの大きさに分割し、小判型に成型する。
4. 残りのサラダ油を入れ温まったら3を入れて両面焼く。蓋をして2、3分焼き、中まで火が通ったら取り出す。
5. 器に盛り、大根おろしとポン酢しょうゆをのせ、お好みで水菜、ミニトマトを添える。

作り方／FOR DOG

ここまでは左と同じ

1. 約お玉2杯分（80g）を取り出し、3等分にして小判型に成型する。
2. フライパンにサラダ油小さじ1/2を入れ熱し、1を焼き色がつくまで焼く。
3. 蓋をして2、3分焼き、中まで火が通ったら取り出す。
4. 器に盛り、大根おろしを添える。

犬と一緒に おからダイエット

主な肥満の原因は過度な食事量と運動不足です。肥満は万病の元ともいわれ、体のあらゆる機能に負担をかけてしまいます。おからはカルシウムやミネラルなどの栄養素が豊富なほか、良質なたんぱく質を含み、腹持ちがよくダイエットに効果的な食材。食物繊維もたっぷりで便秘の解消にもなります。

豚肉には糖質の代謝をうながし
肥満を防ぐビタミンB1が豊富。
気になる場合は脂身を
取ってから与えましょう。

肥満・糖尿病

豚しゃぶのサラダ

材料（2人＋1匹分）

豚ロース薄切り肉……200g
レタス……4枚
トマト……1/2個
きゅうり……1/2本
アスパラガス……2本
カツオ節……適宜

A
ねりごま……大さじ3
めんつゆ（3倍濃縮タイプ）……小さじ2
だし汁……大さじ2

作り方／飼い主

1 レタスはひと口大にちぎり、トマトはくし形に切る。きゅうりは斜めに薄切りにする。

2 アスパラガスはガクを取り、斜めに3cmに切り、下茹でする。

3 鍋に湯を沸かし、豚ロース薄切り肉を広げて入れる。火が通ったものから冷水に取り、冷めたら水気を取る。

4 **1**〜**3**を器に盛り、混ぜ合わせた**A**をかける。

作り方／FOR DOG

1 具材約お玉1杯分（40g）を取り出し、食べやすい大きさにはさみで切る。

2 茹でたアスパラガスを約1/4（10g）を取り出し、食べやすい大きさにはさみで切る。

3 茹でた豚肉を約1/5（40g）を取り出し、食べやすい大きさにはさみで切る。

4 **1**〜**3**を器に盛り、カツオ節をかける。

カツオ節は低カロリーで栄養の宝庫

肥満や過度な食事が続くと、糖尿病のリスクが高まります。犬の食欲をそそる香りづけのカツオ節は、高たんぱく、低脂肪な食材。またカツオ節に含まれるEPAが中性脂肪を燃焼させ、血圧を下げる働きがあるので、糖尿病の予防に役立ちます。さらにミネラルやビタミンなども豊富なので栄養の宝庫と言われています。

下痢のときは水分をたっぷり
とることが大切。脂身の少ない鶏肉や
大根は消化しやすく、
弱った胃腸を助けます。

便秘・下痢

鶏肉と大根のやわらか煮

材料（2人+1匹分）

鶏もも肉……1枚（250g）
大根……200g
昆布（5cm角）……3枚
豆腐……1/2丁
チンゲンサイ……1株
水……400㎖
A しょうゆ……大さじ1
A 酒……大さじ1
A みりん……大さじ1

作り方／飼い主

1 鶏もも肉と大根、豆腐はひと口大に、チンゲンサイは3cm幅に切る。

2 鍋に水400㎖と昆布を入れて火にかけ、やわらかくなったら鶏肉、大根、豆腐を入れる。

3 鶏肉に火が通ったらチンゲンサイを加え、さっと煮る。

4 Aを加えて2、3分に煮たら器に盛る。

作り方／FOR DOG

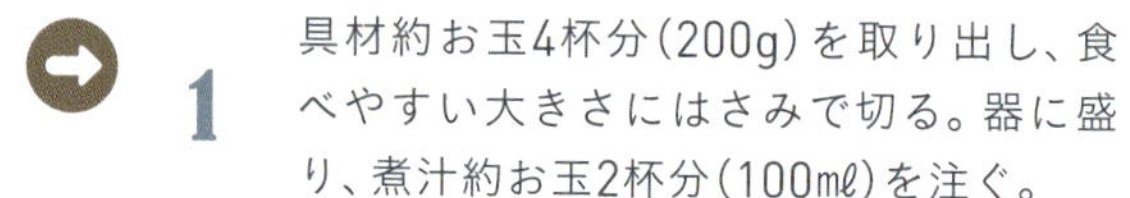

1 具材約お玉4杯分（200g）を取り出し、食べやすい大きさにはさみで切る。器に盛り、煮汁約お玉2杯分（100㎖）を注ぐ。

大根の水分で脱水症状を防ぐ

胃腸の働きをよくするアミラーゼが豊富な大根。また下痢のときは脱水症状に陥りやすいので、水分が多く、消化しやすい大根はおすすめの食材です。また、ダイエット時のかさ増しになるので、食べ過ぎた翌日に活用するのもよいでしょう。

豆腐やうどんは消化吸収がよく、
腸内の荒れを防ぎます。
腸内環境を整えれば便秘や
下痢を改善できます。

便秘・下痢

肉豆腐うどん

FOR DOG

FOR 飼い主

材料（2人＋1匹分）

牛もも薄切り肉……240g
豆腐……200g
えのき……1/2パック
糸こんにゃく……1/2パック
うどん……2玉
サラダ油……小さじ2
だし汁……600～700mℓ
Ⓐ しょうゆ……大さじ2
Ⓐ 酒……大さじ1
Ⓐ 砂糖……大さじ1

作り方／飼い主

1. 牛もも薄切り肉はひと口大に、豆腐は3cm角に切る。えのきは小房に分ける。
2. 糸こんにゃくは熱湯でさっと茹でる。
3. 鍋にサラダ油を入れ熱し、牛肉を炒める。色が変わったらだし汁と豆腐、**2**を加えて煮る。
4. 5分ほど煮たらうどんとえのきを加えて2、3分煮る。
5. **A**を加え味をととのえたら器に盛る。お好みでみつばを添える。

作り方／FOR DOG

1. 具材約お玉4杯分（210g）を取り出し、はさみで食べやすい大きさに切る。
2. 器に盛り、煮汁約お玉2杯分（100mℓ）を注ぐ。

便秘・下痢予防への効果

便秘になる理由には水分不足や腸内環境の悪化、ストレスなどがあります。排便が滞ると、体内の毒素が排出できず、さまざまな不調の原因となります。えのきに含まれる食物繊維は、停滞した腸内を刺激し、便のすべりをよくしてくれます。

犬の好みの見つけ方

犬も人間と同じで好きな食べ物や苦手な食べ物があります。
肉よりも魚が好きな犬もいれば、野菜は嫌いだけれど
甘いかぼちゃは好きな犬もいます。犬のごはんを作る上で、
犬の「食の好み」を把握することも重要なポイントです。

CHECK 01 犬はにおいで食べる生き物

犬の嗅覚は人間の100万倍もあるといわれている一方で、味覚に関しては5分の1程度しかありません。そのため、犬は基本的に食べ物の味ではなくにおいで「おいしい」「まずい」と判断しています。そのほか、食べやすい舌触りや温度などの食感も重要な判断基準です。味もまったく感じないわけではなく、特に甘い味を強く感じ、好む傾向にあるようです。

STEP.1

まずは、いろいろな食材を少量ずつ与え、犬の反応を見てみましょう。はじめは興味がないようなそぶりでも、食材を温めたり、細かく刻んだりしてにおいを強くしてみると、興味を示すことがあります。また、新しい食材を警戒して吐き出してしまうことがあります。その場合は無理に食べさせるようなことはせず、様子を見ましょう。

STEP.2

同じ食材でも食べ方の好みがあります。生、茹でる、焼くなど、他の調理法も試してみてください。基本的には食材はやわらかく煮込んだほうが消化にはよいですが、かたい生の野菜や果物の食感が好きという犬もいます。便を確認して、きちんと消化できているようであれば、食材によっては生で与えても問題ありません。喉につまらないように細かく切ってから与えましょう。

STEP.3

好きな食べ物がわかったら、匂いや食感、味の似た食べ物も試しましょう。たとえば、加熱したにんじんが好きなら、同じく甘い野菜である加熱したかぼちゃやさつまいもも好きかもしれません。また、生のきゅうりが好きなら、同じくシャキシャキとした食感のキャベツやりんごも与えてみましょう。犬が食べられる食材の種類を増やしていくことが大切です。

CHECK 02 好きな食べ物を苦手な食べ物と組み合わせよう

犬が喜ぶからといって、いつも同じ食べ物ばかり与えてしまってはいけません。栄養が偏り、肥満や病気の原因になります。ごはんへの食いつきが悪いときや、苦手な食べ物を与えるとき、また、はじめて見る新しい食べ物に警戒しているときなどに、犬の好きな食べ物と組み合わせてあげましょう。そうすることで、犬のごはんのバリエーションが広がります。アレルギーや持病などの問題がない限りは、いろいろな食材を与え、何でも食べられるようにしてあげるのが、健康な体を作る秘訣です。どうしても苦手な食べ物を避けてしまう場合には、細かく刻んでハンバーグや肉団子にしたり、ペースト状にして犬の好きな食材に絡めたりしてみましょう。

CHECK

03 犬の食欲をそそるふりかけ

犬がごはんを食べてくれないときには「ふりかけ」をかけて香りづけをしてあげる方法もあります。犬用のふりかけは市販のものもありますが、もちろん、手作りも可能です。

犬もだしのにおいが好き

乾物をフードプロセッサーにかけて粉末状にするだけで、簡単にふりかけを作ることができます。カツオ節、昆布、干ししいたけ、煮干しなど、だしの素材となる食材のにおいは、犬の食欲をそそる効果があります。塩分が気になるようであれば、だしをとった後のものや、無塩のものをお使いください。

カツオ節のふりかけ

ふりかけの材料になる乾物例

カツオ節／昆布／干ししいたけ／煮干し／
ちりめんじゃこ／桜エビ／乾燥わかめ／のり

桜エビのふりかけ

自分の犬のためのオリジナルふりかけ

野菜や果物のチップス、消化しにくい豆類なども粉末状にしてブレンドすることで、栄養価を高めたり、苦手な食材を食べさせたりすることができます。野菜チップスは電子レンジでも簡単に作ることもできます。自分の犬の好みに合った「オリジナルふりかけ」を作って、犬のごはんに合わせてみましょう。

野菜チップスの作り方

1. 好みの野菜を薄く切り、キッチンペーパーで水気をとる。
2. クッキングシートを敷いた皿に重ならないように並べ、1～2分電子レンジで加熱したら、裏返してさらに1分ほど加熱する。
3. 犬用と飼い主用に分け、飼い主用には塩をかける。

POINT

食材の性質や切った厚さによって加熱時間が変わるため、こまめに様子を見ながら加熱する。

CHAPTER

4

すぐにできる
らくらく
お手軽レシピ

一緒のプレートで食べられるお手軽レシピ。
犬のごはんはよく冷まし、
お好みのタレをつけてあげましょう。

2種類のタレで食べる焼き肉

タレの香りが食を
そそるワン
家族と一緒に
食べられるから
楽しい気分になれる

材料（2人+1匹分）

牛もも肉薄切り……250g
かぼちゃ……50g
ピーマン……3個
にんじん……1/3本
もやし……1/2袋
サラダ油……適宜

【飼い主分：タレ】

焼肉のタレ（市販）……適宜

【犬用焼き肉のタレ】

●カツオ節のタレ

だし汁……10mℓ
白ごま……小さじ1/2
カツオ節……適宜

●桜エビのタレ

だし汁……10mℓ
ごま油……小さじ1/2
桜エビ……適宜

CHAPTER 4

すぐにできるらくらくお手軽レシピ

作り方／飼い主

1. かぼちゃは5mm幅、ピーマンは種を取って4等分、にんじんは薄切りにする。
2. ホットプレートを熱しキッチンペーパーで油をのばす。肉と野菜をのせて焼く。
3. 火が通ったら市販のタレをつける。

作り方／FOR DOG

ここまでは左と同じ

1. 野菜約1/4(80g)と牛肉約1/5(50g)を取り出して、はさみで食べやすい大きさに切る。【PHOTO：A】
2. 犬用のタレをつける。

POINT 1

タレの香りで食欲が増す

犬用のタレを手作りしてみましょう。カツオ節のタレ、桜エビのタレにはだし汁の香りがあり、またカツオ節や桜エビ、ごまの香りも食欲を増進させます。食いつきが悪いときに与えるとよいでしょう。もちろん、タレなしで食べてもOKです。飼い主が食べてもおいしいタレなので、ぜひお試しください。

PHOTO A

はじめに野菜を細かく切ってから焼く方法もあります。

市販のつくねにはネギや玉ネギ、
添加物など犬に有毒な成分が入っていることも。
安心して食べさせるには、手作りが一番です。

お肉たっぷりつくね鍋

ひき肉、しいたけ、だし汁
さまざまな香りや風味で
胃袋も心も満足だワン

材料（2人＋1匹分）

鶏ひき肉……300g
白菜……大4枚
にんじん……1/2本
しいたけ……4個
だし汁……700mℓ
【飼い主分：タレ】
ポン酢（市販）……適宜

A
塩……小さじ1/2
しょうが（すり下ろし）……小さじ2
酒……小さじ2

B
しょうゆ……小さじ2
酒……小さじ2
みりん……小さじ2
塩……小さじ1/2

作り方／飼い主

1 白菜はひと口大、にんじんはピーラーでむいてリボン状にする。しいたけは石づきを取り、切り込みを入れる。

2 ひき肉210gにAを混ぜ合わせ、ひと口大に丸める。

3 飼い主分のつくねとBを鍋に加えて煮る。つくねが浮いてきたら残りの野菜を加え、火が通るまで煮る。

作り方／FOR DOG

ここまでは左と同じ

1 ひき肉約お玉2杯分（90g）を取り出し、丸める。【PHOTO：A】

2 鍋にだし汁を入れ火にかけ、沸騰したら1を加え3分煮る。白菜約30g、にんじん約20gを加え、さらに煮る。

3 つくねに火が通ったら具材を取り出し、はさみで食べやすい大きさに切る。器に盛り、煮汁約お玉2杯分（100mℓ）を注ぐ。

PHOTO A

スプーンを使って つくねを丸める

スプーンを使えば手を汚さずにつくねのタネを簡単に作ることができます。ひき肉をよく混ぜて粘りがでてきたら、2本のスプーンで交互にすくい、転がしながらひと口大に丸めていきます。

POINT 1 肉の種類はお好みで変えてもOK

このレシピでは鶏ひき肉を使用していますが、牛ひき肉や豚ひき肉など、それぞれの犬の好みの材料を使ったつくね鍋にアレンジすることもできます。魚肉を使ったつみれ鍋にすると健康的なヘルシーメニューにもなりますし、つくねの中に細かく刻んだ野菜を入れれば、野菜嫌いな犬でもおいしく食べることができます。具材をいろいろと変えてレシピのレパートリーを増やせば、より楽しい犬のごはんになるでしょう。

ちょっと特別な日には家族と一緒にすき焼きを。
だし汁がしみこんだ食材の香りに
食欲がそそられ、犬も大喜びです。

ごほうびすき焼き

食材の風味がついた煮汁で
ごはんがどんどん進むワン
卵はよく加熱してね

材料（2人＋1匹分）

牛もも肉……300g
白菜……4枚
木綿豆腐……200g
えのき……1パック
サラダ油……小さじ1
だし汁……350mℓ
卵……2個

A
しょうゆ（濃口）……小さじ1
砂糖……小さじ2

B
しょうゆ……大さじ3
砂糖……大さじ2
酒……大さじ2

作り方／飼い主

1 牛もも肉、白菜、木綿豆腐は食べやすい大きさに切り、えのきは小房に分ける。

2 鍋にサラダ油を入れ熱し、牛肉を焼く。火が通ったら取り出す。

3 鍋にだし汁を入れて煮立たせ、豆腐とえのきを加える。しばらくしたら牛肉と白菜を加え、さっと煮る。

4 **B**を加えて1分ほど煮立たせ、味をつける。

5 卵を器に割り入れて溶き、具材をつけながら食べる。

作り方／FOR DOG

ここまでは左と同じ

1 具材約お玉3杯分(160g)、煮汁約お玉2杯分(100mℓ)を取り出す。具材ははさみで食べやすい大きさに切り、煮汁には**A**を加える。

2 具材と煮汁を合わせて器に盛り、卵1個分をかけて熱い状態のときに混ぜる。

POINT 1 同じ食卓で食べるときは犬から目を離さないこと

家族と犬と同じ食卓で食べることは楽しいものです。しかし、食欲旺盛な犬は、ときに人間が食べているものを欲しがることもあります。人間が食べる食材は犬にとっては危険だったり、肥満の原因になったりすることもあるので、「少しくらいならいいかな」という軽い気持ちで与えないようにしてください。飼い主が目を離したときに飼い主用のごはんを食べてしまうこともあるので、同じ食卓で食べるさいには注意しましょう。

POINT 2 生卵は熱を通す

卵はたんぱく質やミネラルが豊富で、犬の健康にとってうれしい食材ですが、生卵の消化が苦手な犬もいます。熱い状態のときによくかき混ぜて加熱してから与えるようにしましょう。

鶏だしの効いたしゃぶしゃぶ。
仕切りのある火鍋を使うことで、
犬が食べられない食材も一緒に調理できます。

鶏だししゃぶしゃぶ

材料（2人+1匹分）

手羽元……5本
昆布……5cm角2枚
水……1400mℓ

【飼い主分】
牛もも肉（しゃぶしゃぶ用）……200g
白菜……大2枚
水菜……1株
にんじん……1/3本
豆腐……100g
長ネギ……1本
お好みのタレ……適宜

【犬分】
牛もも肉（しゃぶしゃぶ用）……40g
白菜……30g
水菜……30g
にんじん……20g
豆腐……30g

作り方／飼い主

1 白菜は葉をひと口大に、芯は1cm幅に切る。水菜は3、4cmの長さに、にんじんは薄切り、豆腐はひと口大にする。

2 別のまな板と包丁で長ネギを斜め薄切りにする。

3 火鍋の左右に水と昆布、手羽元を飼い主用に3本、犬用に2本を入れ、火をつける。

4 アクが出たらすくい、20分ほど経ったら手羽元を取り出す。

5 野菜や豆腐を入れる。

6 牛もも肉をだし汁にくぐらせる。

作り方／FOR DOG

1 アクが出たらすくい、20分ほど経ったら手羽元を取り出す。

2 犬用に取り分けた野菜や豆腐を入れる。

3 牛もも肉をだし汁にくぐらせる。

POINT 1

手羽元は骨から肉を外す

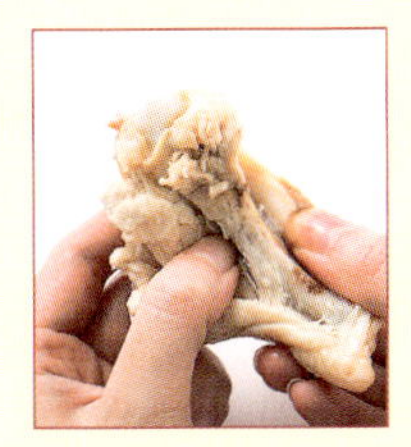

だしに使用した手羽元の肉は犬も食べることができます。その際には、骨ごと与えないようにしましょう。加熱した骨は犬ののどや臓器を傷つけるおそれがあります。必ず骨から肉を外して与えましょう。

POINT 2

ネギとそのエキスには細心の注意を

ネギのエキスは犬に中毒を引き起こすため、必ず具材を切る包丁とまな板は別にし、手洗いをしっかりしてください。火鍋は絶対に飼い主用の汁と犬用の汁が混ざらないように細心の注意を払いましょう。

犬の大好きな牛肉とヨーグルトを合わせたレシピ。
ヨーグルトの酸味がさわやかな一品。

サイコロステーキのヨーグルトソース添え

牛肉のにおいがたまんないワン
食べ応えも充分

※実際に与えるときは、ご飯を混ぜましょう。

材料（2人＋1匹分）

牛肉（お好みの部位）……300g
にんじん……1/2本
いんげん……6、7本
サラダ油……適宜
塩、こしょう……適宜

A ヨーグルト（無糖）……大さじ3
A パルメザンチーズ……大さじ2
あらびきこしょう……適宜
ご飯（犬用）……30g

作り方／飼い主

1 牛肉は2、3cmの角切り、にんじんといんげんはひと口大に切る。

2 鍋に湯を沸かし、にんじんを茹でる。5分経ったらいんげんを加えて1分茹で、ざるに上げる。

3 フライパンにサラダ油を入れて熱し、牛肉を入れる。

4 全面が焼けたら取り出す。飼い主用には塩、こしょうを振る。

5 Aを混ぜ合わせる。

6 器に2と4を盛り、5にあらびきこしょうを加えて混ぜ、添える。

作り方／FOR DOG

1 具材を約お玉1/2杯分(30g)を取り出し、食べやすい大きさにはさみで切る。

2 牛肉約30gを取り出し、はさみで食べやすい大きさに切る。

3 1と2を器に盛る。

4 Aをかける。

POINT 1 牛肉は犬の大好物

犬は元々肉食であり、犬の好みにもよりますが、肉の中でも牛肉が一番好きだといわれています。次いで豚肉、羊肉、鶏肉といった順が好みのようです。最近では犬用の馬肉も市販されており、脂肪が少なくヘルシーなことから人気です。肉本来の味を感じられるステーキも、いろいろな種類の肉で試してみるとよいでしょう。

POINT 2 カツオ節と青のりをトッピング

ヨーグルトソースの代わりにカツオ節と青のりでもおいしく食べられます。のりは食物繊維、ミネラル、ビタミン、カルシウムが豊富。

電子レンジで作れる簡単レシピ。
あんのとろりとした食感が犬の食欲をそそります。

カジキマグロのあんかけ

材料（2人＋1匹分）

カジキマグロ（切り身）……4切れ
にんじん……4cm
ピーマン……1個
しめじ……1/3パック
だし汁……200mℓ

A
片栗粉……大さじ1
水……大さじ2

B
しょうゆ……大さじ1弱
黒酢……大さじ1
砂糖……小さじ1

【犬分】
黒酢……小さじ1/2

作り方／飼い主

1 カジキマグロは水気を拭き取り、2、3等分にする。にんじん、ピーマンは千切り、しめじは小房に分ける。

2 耐熱皿に**1**を並べてふんわりラップをし、電子レンジ（600w）で2〜3分加熱する。

3 あんを作る。耐熱容器にだし汁を入れて2分加熱し、**A**を回し入れてよく混ぜて再度1分加熱する。

4 残ったあんに**B**を加え、**3**にかける。

作り方／FOR DOG

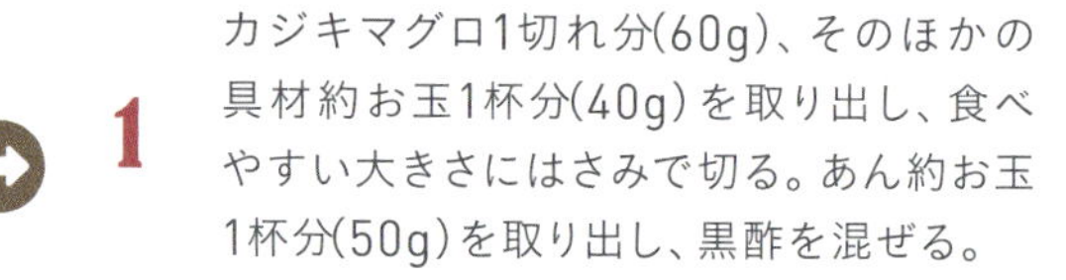

1 カジキマグロ1切れ分(60g)、そのほかの具材約お玉1杯分(40g)を取り出し、食べやすい大きさにはさみで切る。あん約お玉1杯分(50g)を取り出し、黒酢を混ぜる。

2 **1**を器に盛り、具材とあんを合わせてかける。

黒酢に含まれるアミノ酸が血液をきれいに

黒酢には必須アミノ酸やビタミン、ミネラルなどの栄養素が豊富です。その中でもリジン、ロイシンなどのアミノ酸は血液をサラサラにし、高血圧を予防してくれます。酢のにおいが苦手な犬もいるので様子を見て与えましょう。

時間がないときでも

一緒にごはん

朝の時間がないときや忙しいときは、手作りするのが大変なことも。そんなときに、手軽に食べられるおすすめ食べ物を紹介します。少量の冷ましたご飯に混ぜたり、ドックフードにトッピングしたりして与えてあげましょう。犬に有害な物質が入っていないか、表示をしっかり確認することを忘れずに。

□納豆

独特なにおいが食欲をそそるのか、納豆は犬にも大人気の食べ物。納豆菌には腸内細菌を整える作用があり、その効果は犬においても同様です。

大豆の消化が苦手、早食い気味の犬には、細かく刻むか、挽き割り納豆を与えましょう。タレやしょうゆ、からしなどは与えないように。

□コーンフレーク

トウモロコシを主原料にしており、栄養バランスに優れた食べ物。牛乳や豆乳、少量のヨーグルト（無糖）などで少しふやかしてから与えましょう。

高カロリーなため、ダイエット中の犬には不向きです。また、砂糖やチョコなどの入っていないプレーンタイプを選びましょう。

□ツナ缶

開けたらすぐに食べられる缶詰は時間のない朝に便利な食べ物。ツナ缶はたんぱく質やナトリウム、リン、マグネシウムなどの栄養素が含まれている上にヘルシー。

人間用に味つけがされているツナ缶は、塩分や添加物が多く入っていますが、少しの塩分は大丈夫です。大量に与えないようにしましょう。

□サバの水煮缶

青魚であるサバにはDHAやEPAが多く含まれています。骨までやわらかくして食べられるようになっているので骨を取り除く必要がなく、カルシウムもしっかり摂取できます。

塩分や添加物が入っていないか、缶の表示をよく確認してください。塊をよくほぐしてから与えるとよいでしょう。

□麩

犬のおやつとして売られていることも多い麩は、たんぱく質が豊富で低カロリーなダイエット食材。スープやおじやと一緒に煮込むことで食事のかさを多くすることもできます。

麩はグルテンが主原料の食材。はさみでひと口大に切ってから与えるとよいでしょう。小麦アレルギーの犬には与えないようにしましょう。

簡単時短テクニック

毎日のごはん作りはちょっとしたテクニックで、
手間なくスピーディーにできます。
必要のない負担を減らして気楽に続けることが、
犬のごはんを長続きさせるためのポイントです。

POINT

素材

冷凍保存で材料の下準備をしよう

犬のごはんは複数の食材を少量ずつ与える必要があるため、ときには負担になることも。前もって下準備をしておくと、短かい時間でもスムーズに調理することができます。

野菜

1cm角に切って冷凍保存

野菜はよく洗い、水気を切ったら1cm角に切り、密封袋に入れて冷凍しましょう。その際に平たくして入れ、1回分ごとに筋を入れておくと便利です。汁物や煮物などの加熱調理の場合は、解凍せずにそのまま使用することができます。

肉

茹でてから冷凍保存

肉はドリップをしっかりと拭き取ってから、ひと口大に切って冷凍保存します。その際に、下茹でしてから冷凍保存すると、より長く保存できるうえ、調理時間も短縮できます。旨味成分は損なわれますが、犬は旨味成分を感じないため問題ありません。

魚

小骨を取ってから冷凍保存

魚はまとめて焼く、茹でるなどして加熱したら、身をほぐして小骨を取りましょう。小骨は犬ののどや内臓を傷つける可能性があります。冷凍保存をするときに空気が入ると霜がつくため、密封性の高い容器や保存専用の袋がおすすめです。

野菜ミックスセット

数種類の野菜をまとめたオリジナル野菜ミックスセットを作っておくと便利。にんじんや大根などの定番野菜のほか、レンコンやごぼうを使った根菜セットなどもおすすめです。

茹で汁は捨てずにストック

肉の茹で汁には犬の食欲をそそる効果があり、犬のごはんのにおいづけや水分補給としても使用できます。製氷皿を使って冷凍保存すると1回分ずつをキューブ型に取り出せるので便利です。

魚をペースト状にする

フードプロセッサーで骨ごとペースト状にしたり、圧力鍋で骨までやわらかく煮込んだりした場合は、小骨を取り除く必要はありません。魚のペーストは肉団子のタネにもなります。

POINT
02
テクニック

時間がないときの電子レンジ活用術

「犬のごはんを作りたいけれど時間も作り置きもない」というときに活用できるのが電子レンジです。野菜を1cm角にカットして耐熱容器に入れ、軽く水で濡らしたらラップをかけて電子レンジで加熱。その間に、自分たちの分のごはんを作りましょう。薄くスライスされた豚バラ肉や鳥ささみも茹でることができます。豚肉の場合は、しっかりと火が通っていることを確認してください。

POINT
03
アイテム

もっと知りたい便利アイテム

ちょっと便利な食材やアイテムを使うことで、手間や時間をかけずに犬のごはんを作ることができます。ごはん作りが毎日続けられるためのひと工夫をご紹介します。

ひと口サイズの食材

市販のカット野菜やショートパスタ、親子丼用の鶏肉など最初からひと口サイズになっている食材は調理時間を大幅に短縮してくれます。ミックスベジタブルは、穀類の消化が苦手な犬の場合は、加熱した後に少し潰してから与えましょう。

ミックスベジタブル
（ネギ類の入っていないもの）

ショートパスタ
（マカロニ、ペンネなど）

フードプロセッサー

野菜や肉、魚などの食材を細かく刻むことができます。また、乾物からふりかけを作ることもできます。

スライサー

生の野菜や果物を薄くスライスし、ごはんのトッピングや、おやつとしてあげることができます。また、野菜チップスを作るときにも便利です。

刺し身

骨がなく下処理をする必要がありません。生食もできるので、そのままトッピングとして加えることもできます。

仕切り付きのフライパン

朝食やお弁当を作るときに便利な仕切り付きのフライパン。同時に複数のおかずを調理できるので、材料が混ざらないように注意すれば、飼い主用ごはんと犬用ごはんを同時に調理できます。

写真提供：株式会社タマハシ（http://www.smile-king.co.jp/） 商品名：ガラス蓋付トリプルパン

いちごのレアチーズケーキ

甘酸っぱいいちごにはビタミンCがたっぷり含まれています。
カロリーが高い生クリームは特別な日のご褒美に。

材料（2人+1匹分）

【スポンジ：22cm×22cmの天板1枚分】

- Ⓐ 卵……2個
- Ⓐ オリゴ糖……15g
- Ⓐ オリーブオイル……20g
- 薄力粉……75g
- ベーキングパウダー……1g

【いちごレアチーズ：8個分】

- Ⓑ クリームチーズ……200g
- Ⓑ 生クリーム……150g
- いちご……150g
- ゼラチン（粉）……10g
- 水……60mℓ
- 砂糖（飼い主用）……大さじ3

【いちごゼリー】

- いちご……100g
- ゼラチン（粉）……3g
- 水……15mℓ
- 砂糖（飼い主用）……大さじ1

【トッピング】

お好みで（ホイップクリームやいちご、ミント）

◎下準備

天板にオーブンシートを敷いておく。
オーブンを180℃に予熱する。
いちごのヘタを取り、ミキサーにかけピューレ状にする。
クリームチーズを室温に戻し、生クリームと混ぜる。
水を入れた耐熱容器にゼラチンを振り入れ、5分ふやかし、電子レンジ（600w）で加熱する。

作り方／飼い主

1. **A**を湯煎にかけながらハンドミキサーで混ぜ、生地をたらしたときにしっかりあとが残るくらいまで泡立てる。
2. 振るった薄力粉とベーキングパウダーを加え、ゴムベラでさっくり混ぜ合わせる。
3. 予熱したオーブン で15分焼く。粗熱をとり、直径6cmの型で抜く。
4. **B**にいちごピューレとゼラチンを少しずつ加えて混ぜ、砂糖を加えよく混ぜる。
5. 型で抜いたスポンジ4個の上に均等に流して冷蔵庫で固める。
6. 下準備で作ったいちごピューレにゼラチンを入れて混ぜ、砂糖を加えよく混ぜる。
7. いちごレアチーズの上に流し入れ、冷蔵庫で固める。お好みでいちごやホイップクリーム、ミントを盛りつけて完成。

作り方／FOR DOG

1. 飼い主用の**4**に砂糖を混ぜる前に半量を取り分ける。
2. 型で抜いたスポンジ4個の上に均等に流し、冷蔵庫で固める。
3. 飼い主用の**6**に砂糖を混ぜる前に半量を取り分ける。
4. いちごレアチーズの上に流し入れ、冷蔵庫で固める。

犬は生クリームも食べられる

乳製品には乳糖という犬が消化しづらい成分が含まれ、おなかを壊してしまうことがあります。生クリームは乳糖がほとんど分解されているのでその心配はありません。しかし、脂質や糖分が多く含まれており、肥満の原因になるので、誕生日など特別なときにだけ与えましょう。

肥満が気になる犬には
ヨーグルトを使ったケーキを。
ヨーグルトの健康効果は
犬にも抜群です。

ショートロールケーキ

FOR 飼い主

FOR DOG

ふわっとした
生地のケーキワン
ヨーグルトの
生クリームも
なかなかいけるワン

材料（2人+1匹分）

【スポンジシート】
卵白……3個分
はちみつ……大さじ1
卵黄……3個分
オリーブオイル……大さじ1
豆乳……大さじ3
薄力粉……75g

【犬用クリーム】
ヨーグルト……50g
はちみつ……小さじ1

【飼い主用クリーム】
A 生クリーム……100mℓ
A 砂糖……大さじ2

【トッピング】
いちご……8個
飾り用ミント……適量

◎下準備
天板にオーブンシートを敷いておく。
オーブンを180℃に予熱する。
ボウルとざるを重ねてキッチンペーパーを敷き、ヨーグルトを入れ、冷蔵庫で4時間〜1晩水分を切る

作り方／飼い主

1 ボウルに**A**を入れ泡立て、飾り用に1/3を口金のついた絞り袋に入れる。

2 いちごのヘタを取り、5個分は1/4に縦に切る。残りは半分のものと、5mm角に切り、飾り用にとっておく。（1個分は犬へ）

3 ボウルに卵白とはちみつを入れ、泡立て器でツノが立つまで泡立てる。

4 別のボウルに卵黄とオリーブオイル、豆乳の順で加えよく混ぜる。薄力粉をふるい入れ、粉気がなくなるまで混ぜる。

5 **3**のボウルに**4**をひとすくい入れて切るように混ぜる。天板に流し入れ、予熱したオーブンで12〜15分焼く。

6 粗熱が取れたら紙から外し、帯状に8等分にする。

7 スポンジシートに**1**を塗り、**2**のカットしたいちごをのせて巻き、残り5枚も同様に巻いていく。

8 飾り用の生クリームを絞り、いちごを乗せてミントを飾る。

作り方／FOR DOG

1 水切りしたヨーグルトにはちみつを混ぜる。

2 いちご1個を半分に切る。

3 スポンジシートに**1**を塗り、**2**のカットしたいちごを1個ずつのせて巻く。

ヨーグルトを生クリーム代わりに

生クリームの脂質や砂糖が気になる方や肥満気味の犬には、生クリームの代わりにヨーグルトを使いましょう。ヨーグルトも生クリームと同じく、乳糖は牛乳に比べて少ないです。善玉菌の一種である乳酸菌には整腸作用があり、腸内のビフィズス菌を増やし、便秘や下痢を改善してくれます。

かぼちゃが主役のケーキ。
犬は人間のような味覚はありませんが、
かぼちゃの甘みはちゃんと感じます。
もちろん栄養面もバッチリ。
かぼちゃケーキ
FOR
飼い主
しっとり生地のケーキだワン
素朴な味だから
かぼちゃの甘みが引き立つワン
FOR
DOG

材料（6個分）

かぼちゃ（皮なし）……120g
クリームチーズ……40g
卵黄……2個
薄力粉……40g
かぼちゃ（トッピング用）……お好みで
メープルシロップ（飼い主用）……適宜

◎下準備
クリームチーズは室温でやわらかくしておく。
薄力粉はふるっておく。
オーブンは190℃に予熱する。

作り方／飼い主

1 かぼちゃは皮をむき、適当な大きさに切り、茹でてペースト状にする（トッピング用は別途皮付きで適当な大きさに切って茹でておく）。

2 クリームチーズをボウルに入れて混ぜ、ダマがなくなったら卵黄を加えて混ぜる。

3 薄力粉を加えさっくり混ぜ合わせ、マフィンカップまたはシリコンカップに入れて予熱したオーブンで15分焼く。

4 粗熱をとって、トッピング用のかぼちゃをのせる。

5 お好みでメープルシロップを添える。

作り方／FOR DOG

1 犬用に取り分ける。ひと口大にちぎって与える。

食べきれない分は冷凍保存を

犬には1日1個を目安におやつとして与えましょう。その日のうちに食べきれない分は、ラップに包んで冷凍保存することができます。

POINT 2

かぼちゃのおやつで生活習慣病を予防

甘いかぼちゃは犬にも人気な野菜です。栄養価も高く、野菜の中でビタミンEの含有量がトップクラスで、ビタミンCやβ-カロテンなどの抗酸化物質を豊富に含みます。がんや、生活習慣病予防にも効果的な食材です。ただし、生のまま与えると消化不良の原因となるので、犬にかぼちゃを与えるさいには、必ず加熱しましょう。特に皮はかたいので、やわらかくなるまでよく加熱することが必要です。

チョコレートの代わりに
キャロブパウダーを使ったケーキ。
ティータイムやパーティで
家族と一緒に楽しみましょう。

チョコ風
バナナケーキ

FOR DOG

チョコを使っていないから安心
ご主人様とおそろいのケーキで
とってもうれしいワン

材料（2人+1匹分）

バナナ（皮なし）……2本
水……50㎖
くるみ……15g
溶き卵……50g
サラダ油……15g

A
薄力粉……100g
ベーキングパウダー……5g
キャロブパウダー……15g

◎下準備
くるみは細かく刻む。
オーブンは170℃に予熱する。

作り方／飼い主

1 バナナの半量と水をボウルに入れ、フォークの背を使ってペースト状にする。残りの半量を1センチの角切りにする。

2 ペースト状にしたバナナに溶き卵とサラダ油を加え、泡立て器で混ぜ合わせる。

3 角切りにしたバナナとくるみを加えて軽く混ぜたら、Aを振るって加え、ゴムベラで切るように混ぜ合わせる。

4 マフィン型に流し入れ、予熱したオーブンで20分焼く。

作り方／FOR DOG

1 犬用に取り分ける。

POINT 1
包み紙を外してから与えること

ケーキを犬に与えるときには、誤飲を防ぐために包み紙から外しましょう。また、軽くほぐしてから与えてあげましょう。

POINT 2
キャロブパウダーを使ってチョコ風に

カカオのような苦味と甘みを含みますが、犬に有毒なカフェインやテオブロミンを含まずチョコレートやココアの代用品としておすすめです。鉄分と食物繊維を豊富に含んでいます。

牛肉とチーズの香りが
食欲をそそる、
ボリュームも満点な
クリスマスメニューです。

牛肉の煮込み

クリスマスには
大好きな牛肉が
ごろっと入った贅沢な
スペシャルメニュー

材料（2人+1匹分）

牛肉（シチュー用など角切り肉）……200g
じゃがいも……中2個
にんじん……1/2本
ピーマン……3個
だし汁……400㎖
サラダ油……大さじ1/2
コンソメ……適宜
塩、こしょう……適宜
パルメザンチーズ……大さじ1

作り方／飼い主

1 じゃがいもは皮をむいてひと口大に切り、水にさらす。にんじんは皮をむいて乱切り、ピーマンは種を取り、ひと口大に切る。

2 鍋にサラダ油を入れ熱し、ピーマン以外の具材を入れて炒める。

3 牛肉の表面に焼き色がついたら、だし汁を加えて10分ほど煮込む。

4 牛肉に火が通ったらピーマンを加え、さっと煮る。

5 コンソメ、塩こしょうで味を整える。

作り方／FOR DOG

1 具材約お玉4杯分（215g）を取り出し、器に盛る。はさみで食べやすい大きさに切る。

2 パルメザンチーズをかける。

牛肉は犬の大好物 栄養面も優れている

犬は肉食寄りの雑食のため、基本的に肉が大好きです。特に牛肉は、犬にとって魅力的な香りがするようで、好まれやすい動物性食材です。牛肉の赤身には、たんぱく質やミネラルが豊富で、体に吸収されやすいヘム鉄も含まれています。ヘム鉄は、野菜や穀類などに含まれている非ヘム鉄に比べ、吸収率が約7倍もよいので、貧血ぎみの犬や体温が低い犬は積極的に与えましょう。ただし、肥満には要注意です。

POINT 2

パルメザンチーズをトッピング

パルメザンチーズは犬の食欲をそそり、食いつきをよくしてくれるトッピングです。塩分やカロリーが高いため、与えすぎには注意しましょう。

ミネラル豊富な昆布だしを
使ったチャウダー。
ビタミンや食物繊維が摂取でき、
体をおなかから温めます。

ホワイト チャウダー

ブロッコリーの甘さと食感と
肉厚なまいたけの歯ごたえ
とろみも絶妙ワン

材料（1人+1匹分）

鶏もも肉	1枚（250g）
にんじん	1/2本
かぼちゃ	100g
じゃがいも	2個
まいたけ	1/2パック
ブロッコリー	5、6房
桜エビ	大さじ1
牛乳（又は豆乳）	200mℓ
昆布だし汁	500mℓ
塩、こしょう	適宜

作り方／飼い主

1 鶏もも肉、にんじん、かぼちゃ、じゃがいもはひと口大に切る。舞茸は小房に分け、ブロッコリーは下茹でする。

2 鍋にだし汁と桜エビを入れて火にかけ、沸騰したらブロッコリー以外の具材を入れる。

3 にんじんがやわらかくなったら弱火にし、牛乳（または豆乳）を加える。とろみがついたら火を止める。

4 塩、こしょうで味をととのえる。

作り方／FOR DOG

1 具材約お玉2杯と1/2杯分（135g）を取り出して器に盛る。はさみで食べやすい大きさに切る。煮汁約お玉2杯分（100mℓ）を注ぐ。

昆布だしで食物繊維を摂取

昆布には海藻特有の水溶性食物繊維「アルギン酸」「フコイダン」が含まれ、糖質や脂質の吸収を抑え、コレステロール値を抑える効果があります。食物繊維の消化が苦手な犬でも、水溶性食物繊維は消化しやすい性質のため、安心して与えてください。また、昆布にはカルシウムや、疲労回復効果を持つビタミンB_1、ビタミンB_2などの栄養素も豊富。だしをとるのに使った昆布を細かく切って犬に与えることもできます。

POINT 2

まいたけはカルシウムの吸収率を高める

まいたけはビタミンDを含むことから、にんじんや牛乳、エビなどの食材との組み合わせで、カルシウムの吸収率を高めます。

おめでたい日には
お寿司を犬と一緒に。
意外にも酢飯と海苔の組み合わせに
はまってしまう犬が多いようです。

巻き寿司

犬だってお寿司が大好きだワン
思わずクセになる酢飯の風味と新鮮なネタも最高

材料（2人+1匹分）

ご飯……260g
にんじん（1cm角、長さ10cm）……2本
アスパラガス（長さ10cm）……2本
焼きのり……1と1/2枚
キハダマグロ（1cm角、長さ10cm）……3本
厚焼き玉子（1cm角、長さ10cm）……3本

【飼い主用】
A
- 穀物酢……大さじ1
- 砂糖……大さじ1
- 塩……少々

【犬用】
B
- 穀物酢……小さじ1
- 砂糖……小さじ1/2

作り方／飼い主

1. 温かいご飯400gによく混ぜ合わせた**A**を加え、うちわであおぎながらしゃもじで切るように混ぜる。
2. にんじんとアスパラガスを下茹でする。
3. 焼きのりを巻き簾の上に置く。手前を1cm、反対側を2cmほどあけて**1**の酢飯の半量を広げる。
4. のりの中央より手前にキハダマグロ2本、厚焼き玉子1本、にんじんとアスパラガスを1本ずつ並べる。
5. 巻き簾ごと手前を持ち上げ、具材を巻き込みながら巻く。
6. 食べやすい大きさにカットして器に盛りつける。

作り方／FOR DOG

1. 温かいごはん60gによく混ぜ合わせた**B**を加え、うちわであおぎながらしゃもじで切るように混ぜる。
2. 1/2の大きさの焼きのりを巻き簾に縦に置く。手前1cmを残して**1**の酢飯の半量を均等に広げる。
3. 酢飯を乗せた部分の手前1cmをあけ、マグロ1本、厚焼き玉子1本、にんじん、アスパラガスを1本ずつ並べる。
4. 巻き簾ごと手前を持ち上げ、具材を巻き込みながら巻く。
5. のりとご飯が馴染んだら2cm幅にカットする。

のりは体にうれしい栄養の宝庫

さまざまな栄養素を含んだ健康食材。たんぱく質、カルシウム、葉酸、ビタミン類、カロテン、鉄分、食物繊維などが摂取できます。さらに低カロリーなためおやつとしても有能。基本的に犬はのりを噛み切ることができますが、巻き寿司を丸飲みしてしまう場合は、飼い主が手で持って与えましょう。犬はのりの風味が大好きで、ふりかけにすると食欲が増すというケースもあるので、普段から使えるアイテムとして活用しましょう。

POINT 2

穀物酢で疲労回復

穀物酢は米を原材料とした発酵食品。酢酸、クエン酸、アミノ酸を多く含み疲労回復や腸内環境改善などが期待できます。抗菌作用も強いためお弁当にも向いています。

新年を迎えるのにふさわしい
野菜たっぷりのおせち。
犬と一緒にお正月料理を
楽しんでみませんか。

おせち

年に一度の晴れの日メニュー
野菜も肉もしっかり食べて
新年もがんばるワン

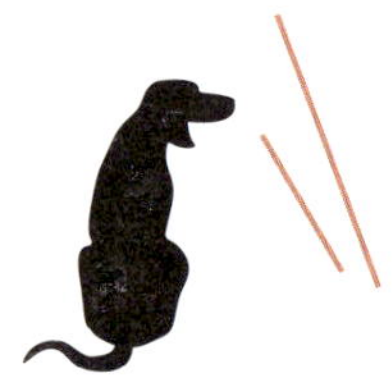

※写真ではワンプレートに乗せるために
筑前煮の煮汁は入れておりません。

材料（2人＋1匹分）

【かぼちゃきんとん】
かぼちゃ（皮なし）……100g
豆乳……大さじ1
クコの実……適宜
塩……適宜

【肉巻きごぼう】
にんじん……80g
ごぼう……80g
いんげん……8本
豚ロース肉（薄切り）……12枚
サラダ油……小さじ2
A しょうゆ……小さじ2
A みりん……小さじ1
A 砂糖……小さじ1

【筑前煮】
鶏もも肉……1枚（250g）
かぼちゃ……80g
大根……80g
里いも……4個
いんげん……3本
冬瓜（型抜き・松）……6個
にんじん（型抜き・梅）……6枚
サラダ油……小さじ2
だし汁……400mℓ
B しょうゆ……大さじ2
B 砂糖……小さじ2
B みりん……小さじ2

作り方／飼い主

1 **かぼちゃきんとん**を作る。かぼちゃは適当な大きさに切り、やわらかくなるまで茹でる。

2 1の2/3量を取り分け、塩で味をととのえる。2等分にしてラップに包み、ねじって茶巾状に成型したら器に盛り、クコの実を2個ずつのせる。

1 **肉巻きごぼう**を作る。にんじん、ごぼうは長さ5cmの千切りにする。にんじんとごぼう3/4、いんげん6本を取り分けておく。

2 豚ロース肉3枚を重なるように広げ、にんじん1/3、ごぼう1/3、いんげん2本を巻く。残りの2本も同様に作る。

3 犬分を取り出したら、Aを加えて煮からめる。粗熱が取れたら3等分に切る。

1 **筑前煮**を作る。鶏もも肉はひと口大、かぼちゃ、大根は乱切り、里芋は皮をむきひと口大、いんげんは3cm幅に切り、冬瓜、にんじん、いんげん、里いもの順で入れ、茹でる。

2 鍋にサラダ油を入れ熱し、鶏肉を炒める。表面の色が変わったらだし汁、大根、かぼちゃを入れる。

3 大根に火が通ったら、里いも、にんじん、冬瓜を加え、2、3分煮る。

4 Bを加えて3〜5分煮て、冷めたらいんげんをのせる。

作り方／FOR DOG

ここまでは左と同じ

1 温かいうちにペースト状にし、豆乳を加えて混ぜ、粗熱をとる。2等分にしてラップに包み、ねじって茶巾状に成型したら器に盛り、クコの実を2個ずつのせる。

1 いんげんを30秒茹でて取り出し、にんじんとごぼうも入れ、2分ほど茹でる。

2 豚肉3枚を重なるように広げ、にんじんとごぼう、いんげんを巻く。

3 フライパンにサラダ油を熱し、閉じ目を下にして焼く。粗熱がとれたら4等分に切る。

1 鶏肉、かぼちゃ、大根約お玉2杯分（80g）を取り出し、はさみで食べやすい大きさに切る。にんじん2枚、冬瓜2個、煮汁約お玉3杯分（150mℓ）を取り出し、冷めたらいんげんを1本分のせる。

健康チェックシート

犬の体調を確認するためのチェックシートです。
犬は不調を伝えることが苦手です。普段から一緒に生活していても、
犬の不調に気がつかないこともしばしば。
いつもと同じ状態だと思っていたことが、実は異常の兆し
であることもあります。当てはまる項目にチェックをつけて、
ひとつでも気になるところがあった場合には素人判断をせずに、
獣医師の診断を受けましょう。

✓全身をチェック

- □ おなかが異様に膨らんでいる
- □ 皮膚のなかにかたまりがある
- □ 体臭が強くなった
- □ 散歩の途中に座るようになった
- □ ノミやダミがつきやすくなった

✓皮膚や毛をチェック

- □ 顔や耳の根元を足で引っかく
- □ 頭を床にこすりつける
- □ 足の指をしきりに舐める
- □ 目と口の周りの毛が変色している
- □ カサカサしたフケが出る

✓目と鼻をチェック

- □ 目の黒い部分が白く濁っている
- □ 目の白い部分が濁っている
- □ 目ヤニを1日2回以上とる
- □ 鼻が乾いている
- □ 1日中くしゃみをしている

✓歯茎や口をチェック

- □ 歯茎が腫れている
- □ 歯茎から血が出る
- □ 唇、歯茎、舌の色がピンク色じゃない
- □ 口やヨダレから異臭がする
- □ 口から泡が出る

✓排便と分泌物をチェック

- □ 尿が濃い色をしている
- □ 尿や便の臭いが強い
- □ 血尿や血便がでる
- □ 黒くてベッタリとした耳垢がある
- □ おりものや乳汁が出る(メス)

元気になってごちそうさま

重大な病気がなくても、目ヤニや涙やけが気になる、
下痢や便秘が多い、足の間を舐めて炎症が起きてしまうなど、
小さな体の不調を抱える犬はたくさんいます。
症状が軽いからと放置する方もいれば、
反対に治療の即効性を求めて薬やサプリなどで
症状を抑えようとしてしまう方もいます。
しかし、これでは根本的な解決にはなりません。
手作り食によって、水分をはじめとした栄養素を摂取する。
そうすれば、体内の毒素や老廃物がきちんと排出され、
こうした症状は次第に改善されていきます。
ドックフードは栄養面を考えられた便利なものです。
ただ、ドックフードだけでは犬の健康にとって
物足りないところがあることも事実です。

本書でも何度かお伝えしましたが、大切なのは、
犬にとっての選択肢を増やしてあげることです。
犬の手作りごはんについての情報は、
インターネットで多くのレシピを見ることができます。
どれもよく考えられた、飼い主さんの愛情が感じられるレシピです。
しかし、同時にインターネットには科学的根拠のない噂や
間違った情報も少なくありません。
多くの情報の海から、どれが真実であるかを見抜くことは大変、難しいことです。
手作り食を行う上で、不安や心配に感じたら、
お気軽にペット食育協会® のインストラクターに相談してみてください。
きっと、親身になって応えてくれるはずです。

監修者

須﨑恭彦

◎須﨑動物病院運営
◎ペット食育協会 会長
◎ペットアカデミー 主催
◎九州保健福祉大学 客員教授

須﨑動物病院 ▶ http://www.susaki.com
ペット食育協会 ▶ http://www.apna.jp

獣医師。獣医学博士。1969年生まれ。東京農工大学農学部獣医学学科を卒業後、岐阜大学大学院連合獣医学科研究家（東京農工大学配属）修了。「薬に頼らないで体質改善」をキャッチフレーズに、「薬を処方しない、手術をしない、ワクチンを接種しない」という方針の下、食事療法やデトックス、ペットマッサージを柱に、体質改善、自然治癒力を高める医療を実践。安易に薬で症状を抑えるのではなく、「なぜそうのような症状が起こるのか」という根本的な原因を探り、それぞれの犬にあった方法で改善を目指す。

須﨑動物病院

東京都八王子市めじろ台2-1-1　京王めじろ台マンションA棟310号室
TEL：042-629-3424（月～金 10:00～13:00／15:00～18:00 祭日を除く）
FAX：042-629-2690
※病院での診療、電話相談ともに予約制です。

レシピ提供者のみなさま

今回、犬のごはんのレシピについてご協力してくださったペット食育指導士のみなさまを紹介します。ペット食育指導士とは、ペット食育協会（APNA）の試験に合格し、食育の知識力と実践力等を習得したと認定された方々で、さまざまな場面でご活躍中です。

上住裕子

ペット食育指導士として10年以上の経験を生かし、ペット食育入門講座、2級認定講座など各種講座を通じ、安心安全で無理なく続けられる日々の手作りごはんのアドバイスをしています。

◎ペット食育協会認定上級指導士
◎ペットマッサージ協会認定マッサージセラピスト
◎ペットマッサージ協会認定東洋医学アドバイザー
◎国際中医薬膳師
◎食生活アドバイザー

幸せのテーブル ▶ http://shiawasenotable.blog122.fc2.com/

人間の料理が苦手なペット食育上級指導士。料理が苦手な方でも作れちゃう、超簡単なペットの手作り食の作り方をお伝えしています。カメラマンとしても活動中です。

◎ペット食育協会認定上級指導士
◎ペット栄養管理士
◎看護師
◎カメラマン

河村昌美（かわむらまさみ）

ひなたのひまわり～ミニピン重明＆康明～▶ https://ameblo.jp/chu-u/
Facebook ▶ https://www.facebook.com/masami.kawamura.330

確かな情報を基に得た知識において、料理が苦手でも大丈夫な手間抜き簡単ご飯や特別な日にちょっぴり豪華にしてあげたいハレの日ご飯を「うちワンごはん」としてご提案しています。

◎ペット食育上級指導士
◎愛玩動物飼養管理士２級
◎食生活アドバイザー２級

こばやし裕子（ゆうこ）

うちワンごはん情報 ▶ https://ameblo.jp/singkenkenyuyu/
講座開催情報 ▶ http://blog.livedoor.jp/uchiwangohan/

手作りごはんでペットもイキイキ健康生活をモットーに、ペットの食事でお困りの飼い主さんのため千葉県内でペット食育講座を開催。17才と15才の親子チワワの飼い主。

◎ペット食育協会認定上級指導士
◎女子栄養大学　食生活指導士２級

高岡まちこ（たかおか）

fairydogs ▶ https://r.goope.jp/chiwawaas
チワワ～ズと手作り犬ごはんブログ ▶ https://ameblo.jp/andy-heidi/

全てはわんちゃんの喜ぶ姿と飼い主様の笑顔のためにをモットーに。愛犬のための手作りご飯とおやつの専門店『ワンズカフェクラブ』の店長として商品の製造、販売を行っています。

◎ペット食育協会認定上級指導士
◎日本ペット栄養学会ペット栄養管理士
◎日本ホリスティック獣医師協会認定
　ホリスティックケアカウンセラー
◎栄養士

諸岡里代子（もろおかさよこ）

愛犬のための手作りご飯とおやつの店 ▶ https://www.rakuten.co.jp/wans-cafe/
ワンズカフェクラブ店長の簡単いぬごはん日記 ▶ https://ameblo.jp/12gohan/

ペット食育協会について

「ペット食育協会®（Alternative Pet Nutrition Association；APNA）」は、「流派にとらわれずにペットの栄養学や食に関する知識を学び、ペットの食事内容を飼い主が自信を持って選択できる判断力を身につけるために必要な情報の普及」と、日本の食文化の発展に寄与することを目的に、須﨑動物病院院長・須﨑恭彦先生によって2008年に設立されました。

STAFF

編集	上条幸一、伏嶋夏希(マイナビ出版)
	川島彩生、若狭和明(スタジオポルト)
デザイン	田山円佳、竹中もも子(スタジオダンク)
撮影	竹内浩務(スタジオダンク)
レシピ原稿制作	佐藤かな子
フードスタイリング	木村 遥、関沢愛美
イラスト	原田マサミ

うちのワンコはこれ1冊で一生健康生活

一緒に作って食べられる
犬のごはん

2019年 2月28日 初版第1刷発行
2023年 6月30日 初版第8刷発行

監修	須﨑恭彦 獣医学博士／須﨑動物病院院長
発行者	角竹輝紀
発行所	株式会社マイナビ出版
	〒101-0003
	東京都千代田区一ツ橋2-6-3 一ツ橋ビル2F
	Tel. 0480-38-6872(注文専用ダイヤル)
	Tel. 03-3556-2731(販売部)
	Tel. 03-3556-2735(編集部)
	E-mail：pc-books@mynavi.jp
	URL：https://book.mynavi.jp
印刷・製本	株式会社大丸グラフィックス

[注意事項]

・本書の一部または全部について個人で使用するほかは、著作権法上、株式会社マイナビ出版および著作権者の承諾を得ずに無断で模写、複製することは禁じられております。

・本書について質問等ありましたら、上記メールアドレスにお問い合わせください。インターネット環境がない方は、往復ハガキまたは返信用切手、返信用封筒を同封の上、株式会社マイナビ出版編集第2部までお送りください。

・乱丁・落丁についてのお問い合わせは、TEL：0480-38-6872（注文専用ダイヤル）、電子メール：sas@mynavi.jpまでお願いいたします。

・本書の記載は2019年2月現在の情報に基づいております。そのためお客様がご利用されるときには、情報や価格が変更されている場合もあります。

・本書中の会社名、商品名は、該当する会社の商標または登録商標です。

定価はカバーに記載しております。
ISBN978-4-8399-6780-2 C2077